POWER
ELECTRONICS

データに学ぶ
Liイオン電池の充放電技術

速く，確実に，そして安全に！高密度エネルギ・デバイスを正しく使いこなす

江田信夫［著］
Nobuo Eda

CQ出版社

はじめに

　2019年のノーベル化学賞はリチウムイオン電池の開発と商品化にかかわった3名の研究者に与えられました.

　その三氏は,研究していた層状化合物(TiS_2)を正極に用い,金属Li負極との組み合わせで二次電池を実現したM.S. Whittingham卓越教授,4Vの高電圧を有する層状化合物のコバルト酸リチウム($LiCoO_2$)を創製し,電池系を提案したJ.B. Goodenough教授,そしてその$LiCoO_2$と炭素系負極との組み合わせでリチウムイオン電池を考案し,製品化した旭化成名誉フェローの吉野彰氏です.

　今やリチウムイオン電池は,民生用ではワイヤレス・イヤホンの小さな電源に始まり,電動車(xEV)を経て潜水艦や電力貯蔵用の大型組電池にまで用いられ,言わば“全能”型の電池となっています.ここに至るまでには多くの分野の技術者の支援もありましたが,やはり無から有を生み出した吉野さんらの功績は偉大です.吉野さんも当初はここまで用途が広がるとは考えていなかったようですが,すでに日常生活にとって不可欠な電源となっており,考えに考え抜いて開発し,商品化でも幾多の困難を切り拓いてきた,たゆまぬ努力が大きな成果となったのです.

　現在,欧州には排ガス不正問題への対応と2021年の燃費/CO_2排出規制があります.一方,中国では自動車市場の急拡大を前に環境保全と電気自動車(EV)の技術覇権をめざした新エネルギ車(NEV)規制があります.米国にも環境対応車(ZEV)規制があって,世界規模でのEVシフトが指摘されています.

　一方で,リチウムイオン電池を超える新型電池として,全固体電池が大きな話題となっています.2016年に有機電解液を凌ぐイオン伝導度を有する固体電解質が開発されたのが始まりでした.この電池は電解質が固体なので,「耐熱性に優れる」「高電圧でも分解しない」など安全性と信頼性から,加えて高速充電性などから大きな期待を集めています.電池は,多くの材料とさまざまな互換性から成り立っているため,早々の実用化は難しいと考えられますが,次の有望株です.

　リチウムイオン電池とリチウムポリマー電池は,高容量で知られるニッケル-水素電池3本ぶんよりも高い4V近い高電圧を1セルで有するので,電源の電池本数を少なくできます.この高電圧は,高エネルギ密度(Wh/L,Wh/kg)に直結してい

るので，機器は作動時間の拡大だけでなく，電源が小形／軽量にできるという大きな実益を受けます．モバイル機器や電動工具はもちろん，産業分野や電動車両分野でも電源の体積と重量は小さいことが要求されるので，極めて有益な電池系です．

　このほか，電解液に水系でなく有機電解液を用いているので，－20℃の極低温環境でも作動できます．兄弟分のリチウムポリマー電池を含めて，総合的に非常に優れた電池です．これらの特性が評価されて，非常に広範な分野で採用され，活躍しています．

　現時点での残る課題は，「信頼性」，「安全性」と近い将来での「高容量と急速充放電の両立(いわゆる全能型電池)」と考えられます．最初の「信頼性」は，有機電解液を用いたことで得られる高電圧，つまり正極の電位が高く，負極の電位が低いことから自然に生じる「副反応」が大きく関係しています．高温や高電圧下では，この副反応は加速され，信頼性に大きな影響を与えます．

　本書では，リチウムイオン電池とリチウムポリマー電池を取り上げ，両者の構造と特徴から，信頼性と安全性の課題と，現在採られている対応策事例を紹介し，最後に電池の将来展開を解説します．

　具体的に，「信頼性」では，電池に適した使用範囲や環境に加え，どのような処方が採られているかを説明します．「安全性」では，破裂，発熱／発火がどのようなメカニズムで起こり，何が燃えるのか，どのような対策が採られているのかを，図と表で具体的に解説します．また，リチウムイオン電池が大電流での充放電を不得意とした本質的な理由を簡潔に述べたうえで，どのように克服し，可能にしたかを実際の電池を例に解説します．

　最後に，今後リチウムイオン電池が向かう「高エネルギ密度で大電流充放電性の実現」への動きを述べます．

2020年2月　江田 信夫

目次

はじめに ——————————————————————————————— 002

イントロダクション

電池開発の歴史と現状，そして未来
なぜ，リチウムイオン電池か ———————————————— 009

第1章

充放電のメカニズムと特性向上のテクニック
リチウムイオン電池の信頼性 ———————————————— 017

1-1 **リチウムイオン電池とポリマー電池** ——————— 017

リチウムイオン電池とポリマー電池の充放電　017

電池の劣化/特性低下　018

1-2 **電池寿命と2種類の寿命モード** ——————— 023

2つの寿命「サイクル寿命」と「カレンダ寿命」　023

サイクル寿命　024

カレンダ寿命　027

1-3 **電池劣化の要因…その1：充電電圧** ——————— 028

充電電圧と容量/サイクル特性の関係　028

1-4 **電池劣化の要因…その2：環境温度** ——————— 034

環境温度とサイクル/カレンダ寿命，保存寿命　034

1-5 **電池劣化の要因…その3：電池の使用深さ** ——————— 038

電池の使用深さとサイクル寿命　038

充電レートの影響を試験　041

電池の劣化を抑制する条件　041

1-6 **電池劣化の要因…その4：保存最適条件** ——————— 042

保存劣化を最小限化するには　042

column（**A**）　電圧と電位の違いについて　044

1-7 **電池劣化を阻止抑制する電解液添加剤** ——————— 046

信頼性を担保する電解液添加剤　047

column（**B**）　ナポレオンと電池　052

発熱/発火のメカニズムとさまざまな対策方法
第2章 リチウムイオン電池の安全性 ———————— 055

2-1 電池の破裂，発熱/発火…ポリマー電池は安全？ ——— 055
発熱/発火事故はエネルギ密度の増加と相関 **055**
電池の破裂の原因と状況 **057**
電池の発熱/発火と熱収支の関係 **058**

2-2 なぜ破裂するのか？ どのように防ぐか ——— 059
リチウムイオン電池の破裂現象と安全対策 **060**

2-3 電池破裂への安全対策 ——— 062
破裂への安全化策…安全部品と添加剤 **062**
添加剤によるガス発生抑制 **066**

2-4 発熱のメカニズム ——— 068
電池が安定な状態を求めるため発熱する **068**

2-5 どのような事態で燃えるのか…発火要件 ——— 072
発火の要件は正極集電体と負極の接触 **073**

2-6 メーカでの安全対策…安全化部品/機構 ——— 077
破裂，発熱/発火の原因を整理 **077**

2-7 安全対策…その1：セラミック・コート ——— 082
簡単で実効性の高いセラミック・コート **082**
セラミック層の絶縁性と断熱機能が有効 **084**

2-8 安全対策…その2：添加剤 ——— 086
多数の添加剤を投入した最新電池 **086**

高出力と高エネルギ密度の両立を目指して
第3章 リチウムイオン電池の急速充電/大電流用途 ——— 091

3-1 急速充電の前提条件…何が必要か ——— 091
急速充電には特別な電池設計が必要 **091**

3-2 大電流で充電する工夫 ——— 096
急速充電も基本はオーム則 **096**

3-3 LTO（チタン酸リチウム）やHC（ハードカーボン）は なぜ急速充電できるのか ——— 101
LTO，HCは構造に余裕がある **101**
HCのリチウムイオン収納プロセス **103**

LTOのリチウムイオン収納プロセス　**104**

3-4　**黒鉛負極は急速充電できないか?…
電気自動車ではどうなっている?** ——— **106**
黒鉛負極では急速充電はできないか?　**107**

3-5　**リチウムイオン電池の将来展開** ——— **110**
電池材料の現状　**110**
将来電池は高出力と高エネルギ密度型　**111**

3-6　**リチウムイオン電池の高出力化** ——— **115**
高出力化と物質移動　**115**
高出力化への具体的な思考例　**116**
高出力化は安全性との両立が不可欠　**118**
Column（**A**）　劣化を逆手に取る方法…負極集電体の溶出と電源管理　**120**

第4章　リチウムイオン電池の信頼性を左右する
電池の製造工程と品質管理 ——————————— **121**

4-1　**電極作製の管理と容量の確認** ——— **121**
各種電池の製造と工程管理　**121**

4-2　**電極部材の選定と電極の管理** ——— **125**
正負極を構成する材料の選定　**125**
合剤ペーストの調整①…難しいのはPVDF　**126**
合剤ペーストの調整②…高Ni比率正極材料と合剤ペーストのゲル化　**127**
Column（**A**）　ヤーン・テラー（Yahn-Teller, J-T）効果とその影響　**130**

4-3　**正負極のサイズと容量の差異化** ——— **130**
正負電極のサイズは同じではない　**131**
負極容量と正極容量の比…Q_N/Q_P　**135**
Column（**B**）　$LiNiO_2$の合成は難しい…$LiCoO_2$は容易　**132**

4-4　**間欠塗工電極とテーピング** ——— **136**
電極の表裏で, 合剤の位置がずれている　**136**
間欠塗工の必要性　**138**
電極ではどう対応しているか　**139**

4-5　**アプリケーションと電解液** ——— **139**
電流を流す役目の電解液は何を基準に選ぶのか?　**140**
混合する低粘度溶媒とその比率はアプリ次第　**141**

4-6	出荷時の管理 ——————— 143

4-7	電池の劣化解析 ——————— 147

破壊分析 **148**

非破壊分析 **149**

4-8	ポリマー電池と信頼性 ——————— 152

ポリマー電池にはもともと2種類あった **152**

Supplement	アルカリ電池使用上の懸念「漏液」——————— 157

アルカリ電池の漏液とクリープ性 **157**

いったんアルカリ電解液が漏れると **158**

Column（C） リチウムイオン電池の出現 **161**

Column（D） 電池は「幕の内弁当」と同じ!? **162**

信頼性，安全性から技術研究開発が進むポストLiの電池たち

第5章	リチウムイオン電池の進化型と革新電池 ——————— 163

5-1	ナトリウム（Na）イオン電池 ——————— 163

元素戦略電池としてのナトリウムイオン電池 **163**

ナトリウムイオン電池の長所と課題 **164**

ナトリウムイオン電池の材料と安全性/信頼性試験 **165**

5-2	イオン液体電池 ——————— 167

安全性に富む"新型"リチウムイオン電池 **168**

正負極の作動 **169**

イオン液体電池の性能 **170**

5-3	高濃度電解液電池 ——————— 172

高濃度では溶液構造が変わり，世界が一変する **172**

高濃度ではフリーの溶媒がなくなり，性質が変わる **173**

5-4	電池の高容量化…酸素イオンの利用 ——————— 176

高容量化へ酸素イオンを働かせる **176**

高容量化実現へ2つの考え方 **178**

5-5	革新電池…ポスト・リチウムイオン電池 ——————— 181

金属（Li）-空気電池 **182**

Li-イオウ電池 **183**

金属負極（Mg）電池 **185**

全固体電池 **186**

Column（A）　電池誤飲…電池を飲み込んだ電池屋の長女
　　　　　　　〜知ってると役に立つ「中毒110番」〜　**184**

Column（B）　1μmがもたらす容量の差…セパレータと容量　**190**

Column（C）　電解液の量はどう決める？　**192**

Appendix 1　**電池に関する用語解説** ──────── 193

Appendix 2　**電池に関する正負極材料の略号と特徴** ──────── 207

索引 ───────────────────────────── 209

おわりに ─────────────────────────── 214

＊本書は『トランジスタ技術』2018年11月号 別冊付録「アナログウェア No.7」の
　内容を再編集・加筆して構成したものです.

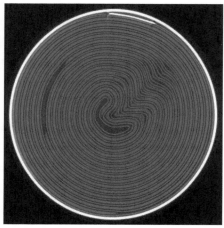

イントロダクション

電池開発の歴史と現状，そして未来
なぜ，リチウムイオン電池か

● リチウムイオン電池の誕生

　1976年に，リチウム（1次）電池が，夜釣り用LED電気ウキの電源として，世界で初めて市販されました．それはピン形（φ4×35 mm）の電池でした．

　今ほどレジャーの幅が広くなかった当時，多くの釣り人に大好評でした．続いて発売された液晶ディジタル・ウォッチにコイン形電池が採用され，民生分野に地歩を築きました．1985年には35 mm全自動カメラに，短絡時の保護素子を組み込んで安全設計とした円筒形電池が採用され，使い勝手の良さから大流行となりました．その後はガス・メータなど産業用分野へと広がっていきました．

　この電池は，負極が金属リチウム（Li）で，正極にはフッ化黒鉛（CFx）や二酸化マンガン（MnO_2）を用いており，3 Vの高電圧と高エネルギ密度を有しているため，電源は小形で軽量となりました．低温特性や長期保存性にも優れ，相当程度の電流も取れる，非常に高性能な電池として社会に定着しました．

　この高性能の電池を，充電して再使用ができる2次電池化する試みは，実は相当以前からありました．1980年代後半には，電池メーカ各社が開発を競う状況でした．そのなかでカナダのメーカから，金属リチウム（Li）を負極に用いた2次電池が上市され，日本ではハンディ型の携帯電話の電源に採用されました．しかし，1989年夏に発火事故が起こり，リコールとともに金属リチウム2次電池は危険とされ，このタイプの電池の開発はいったん下火となりました．

　一方で，1981年にオール・プラスチックで，高エネルギ密度の電池が実現可能との報告があり，素材メーカをはじめとして世界中で研究開発が盛んに行われました．しかし，数年後ポリアセチレン[$-(CH = CH)_n-$]などの導電性高分子（プラスチック）を正負極の活物質に用いる電池は，高容量を実現するには本質的とみなせる欠陥が見つかり，熱気は急速に終息しました．

　そのなかで関連した研究を継続していた中から，有望材料として1984年に見い出されたのが炭素材料（C）です．一方の正極材料は1980年に$LiCoO_2$（LCO）が2次

電池材料として報告されています．これらの材料を元に，リチウムイオン電池の原型のLiCoO₂/C電池が1985年にできています[(1)]．

　商品化開発のなかで，この電池系を「リチウムイオン電池」と名付けたのは，「リチウムは正負極，電解液中とも常にイオン状態にある」ところからきています[(2)]．

　別の見かたをすれば，金属リチウム2次電池が，特定の条件下での充放電でLi負極が不安定な状態（デンドライトの発生）となって発火へ至ったと考えられることから，「リチウムがイオン状態のため安全である」と主張したいことにあるとも取れます．この間の開発の歴史を図1に示します．リチウムイオン電池の開発に関しては，稿末の参考文献(1)，(2)を参照ください．開発の経緯は相当に大変です．

● リチウムイオン電池の用途と展開

　このリチウムイオン電池の上市は1991年で，ハンディホン（携帯電話）に搭載されました．前年の1990年にはニッケル-水素電池が上市されています．このニッケル-水素電池は，「電池の王者」と言われたニッケル-カドミウム電池と同じ1.2 V

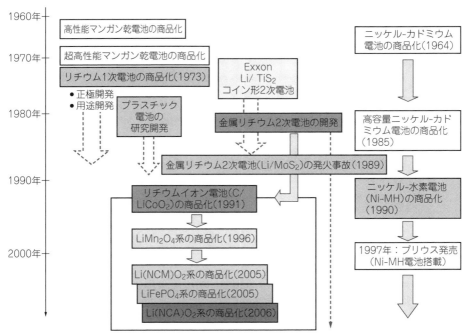

[図1]　リチウム2次電池開発の歴史

の電圧で, 1.3 ～ 2倍の高容量をもつ電池です. カドミウムを含まないクリーンな電池です. ただ, 負極がミッシュメタル(希土類金属の混合物)のため, 電池重量が重いのが難点です.

ニッケル-水素電池は, ひさびさの新電池として大きな期待とともに生まれましたが, 翌年リチウムイオン電池が上市されると, 図2に示すように, 販売金額であっさりとリチウムイオン電池に抜かれています(3). それだけユーザである機器メーカが受けたインパクトが大きかった, つまり電池性能が特段に優れていたことを表しています. その傾向は今日に至るまで続いており, 独り勝ちの状況です.

用途は, 現在は図3のように多様な分野/業種にわたっていますが, 携帯電話とノートPCが長い間2大主役でした. 2012年以降は, 図4のようにスマートホン(スマホ)の伸長が著しく, 電池の販売数ではノートPC, 電動工具(PT), タブレット端末と続きます(4).

一方, 高性能で多機能のスマホは, デジカメやディジタル音楽プレーヤ, ゲーム機の市場を侵食した形となりました.

今後は, 世界中に広がるEVシフトの流れを受けて, 高電圧/高エネルギ密度を武器に, 図5のように巨大な電動車両の市場で大きく展開していくでしょう(5).

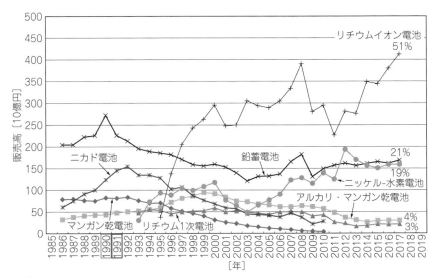

[図2](3) **代表的な電池の販売高推移**(日本)
リチウムイオン電池は1991年に市場にデビュー. 高性能が評価され1位となり, 以来「独り勝ち」である

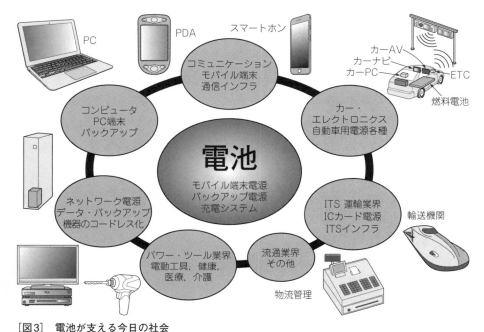

[図3] 電池が支える今日の社会
IoT時代を迎えて，さらに広範に，多様な業種／分野で活動をサポートしている

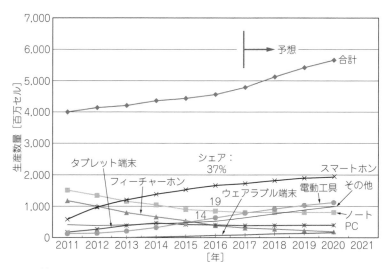

[図4][(4)] **リチウムイオン電池の民生アプリケーション別生産数量の展開**
スマートホン，ノートPC，電動工具がおもな用途

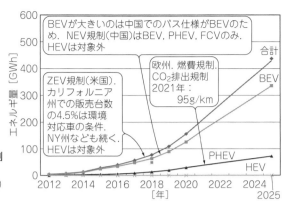

[図5][(5)] **xEV グローバル販売予測**
（エネルギ量ベース）
エネルギ・ベースではBEV（電気自動車）
が圧倒的

● 電池形状の展開

2010年ごろから，モバイル機器が利便性から薄型／大画面化してくると，電池は薄形品が選択されるようになりました．要望される厚みには，円筒形はもちろん，角形のアルミ・ケースでも対応できず，パウチ形（アルミ・ラミネート）の独壇場となりました．モバイル機器ではそれほどの長寿命を求められないため，このままパウチ形が採用されていくと考えられます．形状についての近年の状況を**図6**に示します[(6)]．

一方，10年を超える耐久性を求められる電動車両（xEV）では，長期信頼性の点からおもにレーザ封口した角形電池が採用されています．耐久性と信頼性が重要となるため，電池ケースの材質は用途によりステンレス鋼またはアルミニウム製で，いずれも放熱性を高めるため幅広型になっています．一部では，コストの面から円筒形，放熱性の面からパウチ形も採用されています．

● 電池性能の向上

電池特性，なかでもアプリケーションの作動時間と電源の小形／軽量化に直接に関係するエネルギ密度の進展を**図7**に示します．

これまでリチウムイオン電池の「顔」であった円筒形18650（$\phi 18 \times 65$ mm[h]）での推移です．20年の間にエネルギ密度と容量は約4倍に増大しています．年率平均では6.5％で増加してきました．半導体での電子に比べると，電池は巨大なリチウムイオン（Li^+）が出入りするシステムであることを考えると，非常に大きな進歩と言えます．

性能向上には電池メーカ間での激しい開発競争が反映されており，今やリチウム

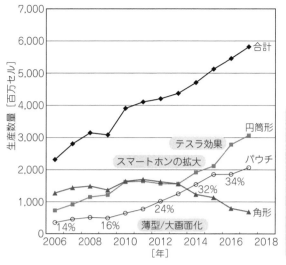

• パウチ・セルの伸長が著しい(2010年以降のモバイル機器の薄型/大画面化を反映)
• 角形は従来携帯電話での1セル使い, AIケース⇒ 幅広化しxEV用へ. 90年代の100cc/100g競争が軽量化と膨れ抑制技術を主導⇒ 差別化⇒ パウチへ横展開
• 円筒形は従来ノートPCでの多セル使い(3S2P, 2S2P), 電動アシスト自転車/バイク, テスラEV. 円筒形は製造が容易で, 構造的にガス発生や極板膨張に強い

[図6]⁽⁶⁾　電池形状別のリチウムイオン電池の生産量
パウチの伸長が著しい. 角形は幅広で電動車用へ. 円筒形はノートPCと電動工具へ

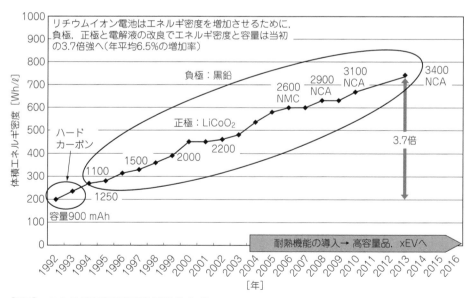

[図7]　エネルギ密度の進展 (18650サイズ)
長い間, リチウムイオン電池の「顔」であった「18(650)」も, 2012年ごろにモバイル機器が薄型/大画面化すると, 適合性に富む「パウチ」が主流となった

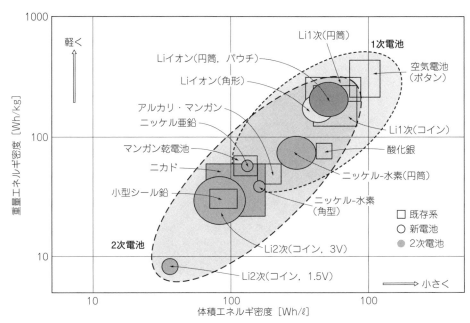

[図8] 小形電池のエネルギ密度図
電池は体積エネルギ密度が特に重要

イオン電池のエネルギ密度は**図8**に示すようにリチウム1次電池の領域と重なるまでになっています。電池の構造と構成を考えると，これは驚くべきことです。

　併せて，正負極や電解液などで新しい材料や新技術を取り入れる一方で，充放電性能だけでなく信頼性や安全性なども向上させてきました。エネルギ密度が向上したとは言え，ガソリンと比較するとまだ100倍ほどの差があります。豊田佐吉翁が懸賞を掛けた電池の特性もガソリン並みの値でした。まだまだ，目標は遠いところにあります。

● 今後の展開とポスト「リチウムイオン電池」

　今や「オールマイティ」の様相を呈しているリチウムイオン電池ですが，ここに至る50年近いリチウム電池の開発の歴史のなかで，ユーザの要望に応えるべく行ったさまざまな努力の積み重ねから成り立っています。

　ただ，現在は民生用と電動車用では出力のレベルが大きく違うため，用途に合わせた電池設計となっています。出力が大きい仕様を満たすには，さまざまな工夫が電池設計に求められるので，そのぶん電池容量が小さくなる相反があります。この

ため，仕様に合わせて製造を切り替える手間や，工程と品質の管理においても煩雑さがあります．

　一方で，EVシフトを受ける，未来の電動車用の電池では，大出力と高容量とを兼備すれば，利便性に極めて優れることになります．近年，比較的簡便な電極特性の解析法が報告され，並行して米国では電極の新規な作製法が検討されています．理想的な電極構造は構想できているので，多分に実現できると考えられます．

　ポスト「リチウムイオン電池」としてさまざまな電池系が提案され，研究が行われていますが，一部の特化した特性では凌駕することは可能としても，総合性能でリチウムイオン電池を凌駕することは難しいと考えられます．

　今後ともリチウムイオン電池の進化は続きます．

◆参考・引用＊文献◆

(1) 吉野　彰；電池が起こすエネルギー革命，NHK出版，2017年．同；リチウムイオン電池物語，シーエムシー出版，2004年．

(2) 西　美緒；リチウムイオン2次電池の話，裳華房，1997年．同；キーテクノロジー電池，pp.44〜93，丸善，1996年．

(3) (社)電池工業会資料(HP)．

(4)＊ 矢野経済研究所；2017年版 リチウム・イオン蓄電池部材市場の現状と将来，2017年．

(5)＊ 稲垣 佐知也；リチウム・イオン蓄電池部材市場の現状と将来展望，知の市場，2017年．

(6)＊ 竹下 秀夫；LIB最新市場動向，電気化学セミナー1，最先端電池技術，2017年．

第1章

充放電のメカニズムと特性向上のテクニック
リチウムイオン電池の信頼性

1-1	リチウムイオン電池とポリマー電池

■ リチウムイオン電池とポリマー電池の充放電

● 簡単な充放電機構

　図1-1に示すように，リチウムイオン電池は，充放電でリチウムイオン(Li^+)が正負極の間を行き来する極めてシンプルな構造です．

▶リチウムイオンが単に挿入/脱離

　この電池の正負極の活物質は，多くがトランプのカードを積み重ねたような層状の構造をしています．民生用の電池のほとんどは，正極がコバルト酸リチウム($LiCoO_2$)で，負極は黒鉛です．

　通常，蓄電池は充電で始まり，充電では正極中のリチウムイオンが順番に抜けて

- Liイオン(Li^+)を含有した正極と，Li^+を収納できる負極の間を，充放電でLi^+が行き来する電池
- 発火した金属リチウム2次電池とは違い，リチウムが安全なイオン状態(Li^+)にあることが名称の由来

代表例
正極：コバルト酸リチウム($LiCoO_2$)
負極：黒鉛(Graphite, C_6と表示)
電解液：有機電解液

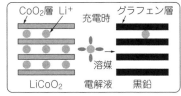

正極：$LiCoO_2 \underset{\text{放電}}{\overset{\text{充電}}{\rightleftharpoons}} Li_{1-x}CoO_2 + xLi^+ + xe^-$

負極：$C_6 + xLi^+ + xe^- \underset{\text{放電}}{\overset{\text{充電}}{\rightleftharpoons}} C_6Li_x$

全反応：$LiCoO_2 + C_6 \underset{\text{放電}}{\overset{\text{充電}}{\rightleftharpoons}} Li_{1-x}CoO_2 + C_6Li_x$

[図1-1] リチウムイオン電池の構成

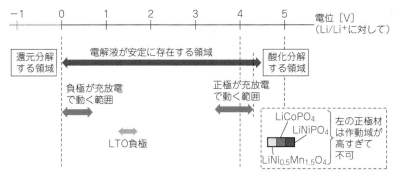

電池電圧(V_{cell}) = 正極の電位(V_P) − 負極の電位(V_N)

リチウムイオン電池が安定して作動するには，正負極とも電解液が安定に存在できる領域内にいる必要がある（安定領域の外にあると，電解液が分解して使えない）

[図1-2] リチウムイオン電池の作動条件

いき，電解液の溶媒を伴って負極へ到達します．そこでは溶媒を脱いで（脱溶媒和）黒鉛の六角網面（グラフェン）間に秩序よく配列し，所定の「席（サイト）」が満たされると充電完了（満充電）になります．放電はこの逆のコースをたどります．

▶ポリマー電池

ポリマー電池もまったく同じです．

違うのは，ポリマー電池では，電解液が添加したポリマー（高分子）でゼリー状に固定化，つまり固められている点です．

この2つの電池とも電池電圧が高い，すなわち正極の電位が高く（貴），負極の電位が極めて低い（卑）ために（**図1-2**参照），副反応（寄生反応）が自然に起こり，信頼性に影響を及ぼします．その反応を**図1-3**に図解し，その結果電池に何が起こったかを**図1-4**にまとめます．以下に，これらの影響を説明します．

■ 電池の劣化／特性低下

● 劣化という現象

電池の劣化，つまり電池特性の低下は，おもに次の5つの現象を指します．

(1) 電圧Vが低い（開回路電圧，閉回路電圧）

(2) 電流Iが取れない

(3) 機器の持続時間（作動時間）tが短い

(4) 容量Itが減った

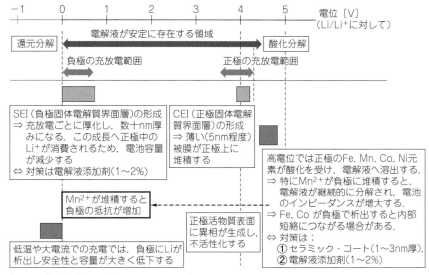

[図1-3] 信頼性に影響を及ぼすさまざまな副反応
電圧が高いために，正極，負極，電解液にいろいろな好ましくない反応が自然に起こる

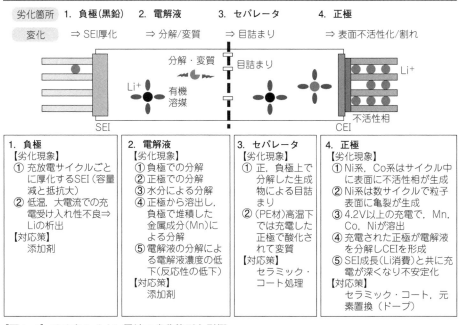

[図1-4] リチウムイオン電池の劣化箇所と影響
電池部材の劣化を加速する因子は，①高い電圧，②高温下での長期間保存

(5) 電池寿命が短い

● 劣化のメカニズム

具体的に劣化の箇所とそのメカニズムを説明します.

▶充電電圧が低下する

(1)の「開回路電圧」は,正負極の材料が決まると一義的に決まり,電池電圧＝(正極の電位)−(負極の電位)です.したがって「開回路電圧が低い」とは,充電不足による低電圧を除けば,正極の電位が低いか,または負極の電位が高い,つまり少なくとも片方の電極で容量が減少したことを意味します.これは電池容量が減少したことになりますが,このケースは多くありません.可能性は,電池内での微小短絡が原因として考えられます(第4章で解説).

もう一方の「閉回路電圧」の場合はやや複雑です.結論から言うと,電池がもつ「3つの抵抗」のうち,少なくとも1つが大きくなったためであり,これは(2)の電流,(3)の持続時間,(4)の容量にも関係します.電池を放電すると,時間とともに3つの抵抗が積算式で増加します(第3章の第2節で説明).

▶電流が取れない

(2)の電流に関しては,蓄電池は一般に電流が取れる材料を用いており,適切な電極構成と電池構造にしています.

電流が取れなくなるのは,電池の抵抗が大きくなり,オームの法則($V = IR$)から電流が小さくなるためです.どこの抵抗が大きくなったかを特定するには,交流インピーダンス法による解析法があります(第4章で述べる).

▶持続時間が短い

(3)の持続時間(作動時間)では,応用機器には動作終止電圧があらかじめ設定してあり,その電圧に達すると機器は作動を停止します.

電池抵抗が増大すると,IR損により電圧も低下するので,設定電圧に達するまでの持続時間は短くなります.このほか,電池容量が減少している場合も持続時間は短くなります.

▶容量が減少する

(4)の容量では,リチウムイオン電池には特有の現象があります.それは正極と負極の「作動域(＝容量)」が,充放電サイクル中に少しずつずれていくために,容量が低下していく現象です.

少し難解なので,イメージで説明します.左右の手のひらを負極と正極としたとき,手のひらの面積が容量です.サイクル初期には,両方の手のひらは100％重な

りあっていますが，充放電サイクルが進むにつれ，負極でリチウムイオンが消費される（次節で説明）ため，100％重なっていた正負極の作動域が少しずつずれてきます．つまり，重なり部が減ってくるので容量の減少が起こります．

▶電池寿命が短い

(5)の電池寿命に影響を与える因子と機構については，次章で説明します．

● 容量低下の原因…負極の被膜の成長

上記(4)の容量減少に関係する負極でのリチウムイオンの消費について解説します．

黒鉛負極では，充電時に黒鉛の端面（入口）で電解液が分解され，SEI（Solid-Electrolyte Interphase：固体電解質界面層）と呼ばれる「被膜」が形成されます．

このSEIが充放電サイクルで厚くなる現象にリチウムイオンが消費されます．

充放電で負極は膨張収縮を繰り返すため，端部は破壊されて新しい面が表出します．するとその部分で，次の充電時に電解液が分解されて，リチウムイオンが再び消費されます．この繰り返しで，リチウムイオンを供給する正極の反応領域は深い方向へ移動し，両極の作動範囲（＝容量）がずれてきます．

一方，充電された負極は電位が極めて低くなるため必然的に電解液を分解し，ここでも被膜を形成します．最終的には，数十nmの厚さとなって，電池抵抗を増加させます．

● 劣化の図解

これらの現象から正極と負極に何が起こっているかを，**図1-5**，**図1-6**に総括的に紹介します[1]．

負極での劣化（**図1-5**）は，次のように進行します．

① 充電でLiイオンが黒鉛層間に挿入される際に黒鉛層が開裂して，入口部が割れる

② Liイオンと分解された溶媒でSEIが形成され，これが充放電のたびに厚化する

③ 充電末期には上昇した電圧により，正極の構成成分が電解液に溶出し，なかでもMnは負極に堆積すると電池特性を大きく低下させる

④ 低温環境下や大電流で充電を行うと，負極上に金属Liが析出し，電池特性と安全を著しく低下させる

特に，②は電池の容量減少に大きく関係しています．

正極の劣化（**図1-6**）には多くの現象があり，なかでも次の3つが，電池特性の低下に大きく関係しています．

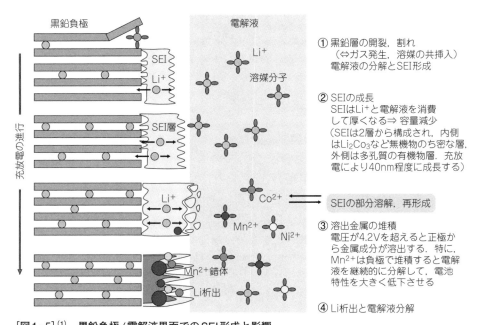

[図1-5][(1)] **黒鉛負極/電解液界面でのSEI形成と影響**
負極は充電に伴う黒鉛層の開裂や割れ，SEI層の成長による抵抗増大，Liの析出による電池容量の激減を受ける

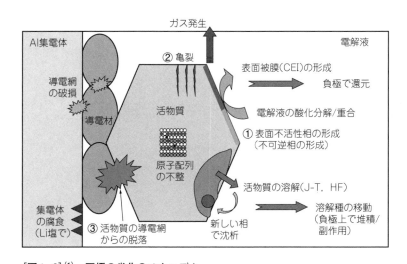

[図1-6][(1)] **正極の劣化のメカニズム**
電池劣化は正極が原因．特に，①表面不活性層の生成，②粒子表面の亀裂部で発生する
副反応による堆積物の抵抗の増大，③活物質の導電網からの脱落が主因

① 活物質の表面に充放電サイクル中に Li^+ が透過移動できない不活性層が次第に形成されて，反応抵抗を増加させる

② 活物質粒子表面に発生した亀裂部で起こる副反応で生じた堆積物により抵抗が増加する

③ 活物質の導電網からの脱落

　近年の高度解析の結果から，リチウムイオン電池の大きな劣化は正極によると報告されています．

1-2	電池寿命と2種類の寿命モード

■ 2つの寿命「サイクル寿命」と「カレンダ寿命」

　図1-7に，リチウムイオン電池の現在の応用を，電池容量［Ah］と消費電力［W］を座標軸に示します．ワイヤレス・イヤホンから携帯電話，通信基地局や電気自動車に至るまで，広く利用されています．

　寿命に至る主要因には次の2つがあります．表1-1に示すように，電池の使いかたや充電方式（表1-2）によって，主要因が異なります．寿命モードとして下記の2つがあります．

(1) サイクル寿命（Cycle life）

(2) カレンダ寿命（Calendar life）

　電池の寿命には，用途，そこでの使われかた（サイクル／待機），充電方式の3者が深く関係しています．

[表1-1] 電池の使いかたによる寿命モード
電池の寿命モードにはサイクルとカレンダの2種類がある

寿命モード	定義／現象	原因	
		物理的変化	電気化学的変化
サイクル寿命	電池を主電源としてサイクル的に使用し，充放電を繰り返したときの容量劣化によるもの	○ 活物質の膨張・収縮による影響	○ 材料への高電圧の影響
カレンダ寿命	待機電源として電池を連続して充電環境下またはOCV状態で置いたときの容量劣化によるもの	－	○ （高電圧＋充電）状態が及ぼす材料への影響（安定性）

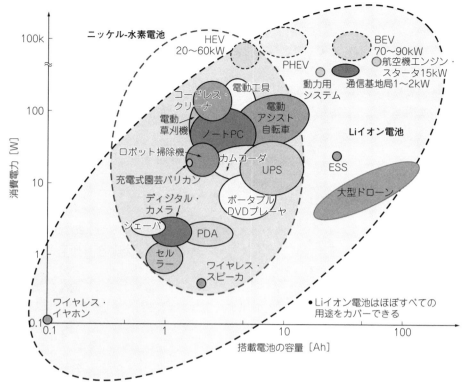

[図1-7] リチウムイオン電池と用途領域
現在は微小な機器から電動車やエネルギ貯蔵まで非常に広範にわたっている

■ サイクル寿命

　サイクル寿命とは，一定条件下で電池の充放電を繰り返したときに，初期の容量に対して80％や50％の容量に到達するサイクル回数を指します．

● 電池寿命の定義

　ユーザは，「寿命」は「日常の作業ができなくなった時点までの年数」と理解しているかもしれませんが，電池メーカ側では，「電池の放電容量が公称容量の所定の比率（％）に達するまでに要した充放電の回数（サイクル寿命）あるいは月数（カレンダ寿命）」と規定しています．

[表1-2] 電池の充電方式

電池に寿命をもたらすには，その使われかたに密接に関係した充電方式がある

目的/ 用途	充電方式	充電回路	方式の解説
主電源 (サイクル・ユース) セルラー，ノートPCなど	CC-CV (定電流・定電圧充電)	交流→ 整流器 電池 負荷	● 充電上限電圧をあらかじめ設定し，その電圧に到達するまでは所定電流で充電し，到達後は終止電流値まで漸減させていく
待機電源 (スタンバイ・ユース)	トリクル充電 (細流充電)	普段は切れている 交流→ 整流器 電池 負荷	● 常に一定の微少電流を流して電池を充電し続ける (例:自己放電の補償1/30C) ● 停電時に電池が負荷に接続され，電力を供給する
無停電電源 (UPS)，非常灯など	フロート充電 (浮動充電)	交流→ 整流器 電池 負荷 常時接続	● 常に負荷に一定の電圧をかけるとともに並列接続された電池の充電も行う ● 停電時は電池が無瞬断で負荷に電力を供給する

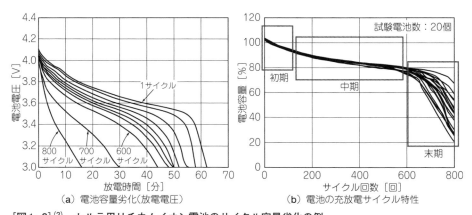

(a) 電池容量劣化(放電電圧)　　(b) 電池の充放電サイクル特性

[図1-8][(2)]　セルラ用リチウムイオン電池のサイクル容量劣化の例

電池のサイクル劣化は3つの領域があり，それぞれの主因がある．①初期:電極のゆるみや活物質の割れ，②中期:負極SEIの成長，③末期:負極でのLi析出(正極中のLiの急激な消費)と考えられる

● 3領域の容量低下

　図1-8に，実際のサイクル寿命のデータを紹介します[(2)]．サイクル数とともに，容量が急激に，または徐々に低下していきます．

　正負極活物質の種類や電池形状(円筒形，角形)によって発生時期に多少の違いはあるものの，容量の低下は通常サイクル数の初期，中期，末期の3領域に分かれます．

▶0 ～約100サイクル

　初期領域は，容量低下の原因は定かではありませんが，活物質の膨張収縮による電極の安定化や活物質の部分的な変質・破損によるものと考えられます．

▶500 ～ 800サイクル

　中期の緩やかな低下は，負極上のSEI（固体電解質界面層）の成長（厚化）に使われるリチウムイオンの消費によることが，多くの解析から判明しています．

▶寿命末期

　容量が急激に低下しますが，これは金属リチウムが負極に析出する際にリチウムイオンが多量に消費されるためと報告されています．

　通常，電池は中期の領域で既定の寿命に達します．この領域での容量の減少は，サイクル回数 n の1/2乗（$n^{1/2}$）に比例するとされています．

● サイクル劣化の因子

　表1-1に示したように，このサイクル寿命を支配する因子には，次の2つがあります．

（1）物理的因子：活物質の膨張と収縮
（2）電気化学的因子：充電終止電圧（電池にとって高電圧）

▶物理的因子

　正負極活物質では，充放電のたびに，リチウムイオンの「出入り（挿入脱離）」が行われるので，これに伴って膨張と収縮が多くの場合で起こります．

　充放電のたびに，連続的な膨張と収縮が繰り返されるために，活物質は機械的な「疲労」の蓄積により，部分的に破損され，これが徐々に全体に広がり，最後に寿命になります．

　例えば，負極は充電でリチウムイオンが収納されるため，通常の黒鉛材料は10％の体積膨張が起こります．次世代材料のスズ（Sn）系材料は体積が3倍にも膨張するため，ひずみが大きく，このままではサイクルが持続しません．例外がチタン酸リチウム（LTO：$Li_4Ti_5O_{12}$）で，体積変化はほぼありません（第3章の第3節参照）．

　一方，正極は充電で内部のリチウムイオンが脱離します．その際，層状構造のLCO（コバルト酸リチウム $LiCoO_2$）は，上下の層にある酸素イオン同士の静電反撥で2％膨張し，汎用性の高いNCM333（$LiNi_{1/3}Co_{1/3}Mn_{1/3}O_2$）では1％の収縮，高容量のNCA（$LiNi_{0.8}Co_{0.15}Al_{0.05}O_2$）と高電圧のLMO（マンガン酸リチウム $LiMn_2O_4$）は4％程度収縮します．1 ～ 2％でもきびしい値です．

　これら正負極の体積変化を十分に認識したうえで，機構設計をしないと，極板が

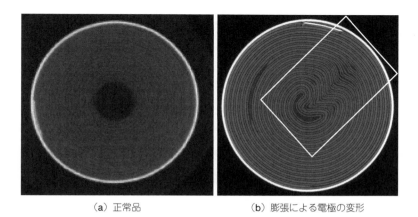

(a) 正常品   (b) 膨張による電極の変形

[写真1-1] 充放電サイクルでの電極の変形（X線CT画像）
設計に余裕がないと，充放電で電極が歪んで変形し，特性の低下と安全性に重大な影響を
もたらす

膨張したときに，極板全体に大きな変形が生じてサイクル寿命が低下します（**写真
1-1**）．さらに，内部短絡も生じて，安全面でも危険な状態になります（第2章の第
5節参照）．

▶電気化学的因子

　もう1つの電気化学的な因子について説明します．

　充電末期には，正極は電位が高くなって，構成金属成分が電解液に溶出する可能
性が増すとともに，電解液を酸化して分解させます．

　特に環境温度が高いときは顕著です．他方，負極は電位が低くなり，電解液を還
元分解し，かつ溶出した金属成分中にMnイオンがあると負極上で電解液を分解し，
電池抵抗を増加させます．これらの不必要な副反応を起こす高い電圧が電気化学因
子です．

■ カレンダ寿命

● カレンダ寿命の2つの区分

　カレンダ寿命は，次の2つを意味します．

（1）無停電電源装置（UPS）や非常灯など電池が満充電状態で待機状態にある場合
　　に，または
（2）満充電後に開回路状態で保持された場合に，電池容量が減少する割合で決ま
　　る経時寿命

具体的には，初期容量に対して，電池の残存容量が70％や50％の設定値に達するまでに要した月数です．

● SOH（State of Health）

SOHは電池の健康状態を表すパラメータです．

電動車関係や海外の論文で散見されます．この定義は電池の容量に関して次のように示されており，カレンダ寿命に関連して用いられます．

$$SOH = \frac{その時点での放電容量}{最初の時点での放電容量}$$

カレンダ寿命については第3節と第4節で説明します．

1-3	電池劣化の要因…その1：充電電圧

充電電圧による劣化への影響は，次の2つのケースに分けて理解できます．

- ケース1：設定された充電電圧またはそれ以下の電圧で電池を充電した場合
- ケース2：逆に充電電圧を設定電圧よりも高くした，いわゆる誤使用／濫用の場合

■ 充電電圧と容量／サイクル特性の関係

● 設定値またはそれ以下の充電電圧では

▶等容量で作動させた場合

第1のケースの具体例を**図1-9**に紹介します[3]．

試験は，正極にコバルト酸リチウム（LCO，LiCoO₂），負極にハードカーボン（Hard Carbon：HC，難黒鉛化性炭素：高温加熱しても結晶化しない，乱構造の炭素材）を用いた円筒形電池（1.25 Ah）で行っています．

充放電は4.2 V⇔2.5 Vの電圧領域で，その領域を容量で4つに均等区分し，かつ各区間の約半分の領域が相互に重畳するように新しく4区域を設定し，全9区間で充放電させています．

充放電電流は250 mA（0.2 C）で，電圧，電流とも標準的なものです．

試験結果は，**図1-9**のように充電終止電圧が高いものから降順で容量の減少が続いています．この傾向はリチウムイオン電池の一般的な性質です．

▶電池には作動許容域がある

リチウムイオン電池は，満充電状態では4 V強の電圧を示します．

このとき，正極はリチウムが半分以上抜けて高い電位にあり，負極はリチウムを

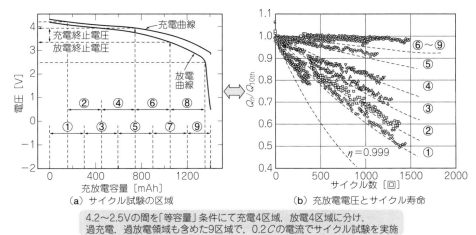

(a) サイクル試験の区域 　　(b) 充放電電圧とサイクル寿命

4.2〜2.5Vの間を「等容量」条件にて充電4区域，放電4区域に分け，
過充電，過放電領域も含めた9区域で，0.2Cの電流でサイクル試験を実施

[図1-9][(3)]　**サイクル容量変化に及ぼす充放電電圧**
充放電電圧の領域が高いと容量劣化は大きい

収納して非常に低い電位にいます．一方，電池には電解液や電解質があり，電池が
安定して作動するには，正負極は充放電時に電解液が安定に存在する電位範囲（電
位窓：window）の内側にいることが必要です（**図1-2**参照）．

▶**作動許容域を超えると電解液が分解する**

　電池の電圧がまだ低いとき，つまり正極の電位がそれほど高くなく，負極の電位
もあまり低くないときは，正負極とも「電位窓」の十分な内側にいますが，電圧が
一般的な充電終止電圧の4.2 Vに近いときは，正負極とも電位窓の両端，つまり限
界付近にいます．

　ただ，電極は全体が必ずしも均質ではないため，不均質な箇所では分極（**図1-10**）
により，安定な電位窓をはみ出すことがあります．その部分では電解液が分解され
る結果，電池抵抗が増加します．

　抵抗の増大は特に負極で大きく，充電電圧が高くなるほど，つまり負極の電位が
低くなるほど顕著になります．そのようすは**図1-11**で堆積物（SEI）の量が増える
ことから読み取れます[(4)]．

　サイクル容量の低下は，充電時の電解液の分解に伴うリチウムイオンの消費，す
なわちSEIの成長に起因するといわれています．

● **設定値を越えて充電すると**

　ケース2で充電電圧を設定値よりも高くした場合，いわゆる誤使用時には，

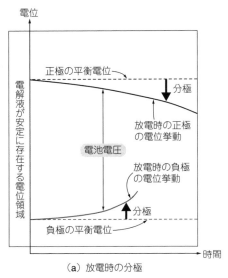
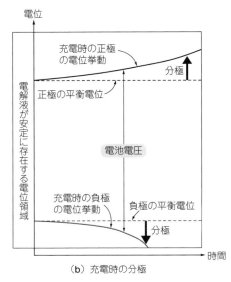

(a) 放電時の分極   (b) 充電時の分極

[図1-10] 分極と充放電時の正負極の電位挙動
電池電圧はどこから出てくるか. 分極とは何か

① 電解液の酸化と還元による分解（電解液の消費）
② 正極の劣化
③ 負極での不適切な反応

の3者が起こります. その結果, サイクル特性は急激に低下して, 危険性も増大します.

このときに起こる上記の事象を説明します.

▶電解液が両極上で分解する

まず, ①電解液が分解します. これは電圧が高くなって, 電位窓から正負極の電位がそれぞれはみ出すためです. ガス発生が起こることも多く危険です.

▶正極活物質が損壊する

②正極活物質が劣化します. 具体的には, 正極から設計値を越えてリチウムイオンが抜けるために層状構造では「支柱」を失い, 活物質の崩壊が始まります.

崩壊は材料によって異なりますが, 脱リチウム量と結晶構造の限界値（縦実線）を**図1-12**に紹介します[5].

▶正極活物質の溶解と電池抵抗の増加

4.2 V超から正極活物質を構成する金属元素（Fe, Mn, Co, Ni）が電解液に溶出し始めます. 金属元素が溶出するようすを**図1-13**に紹介します[6].

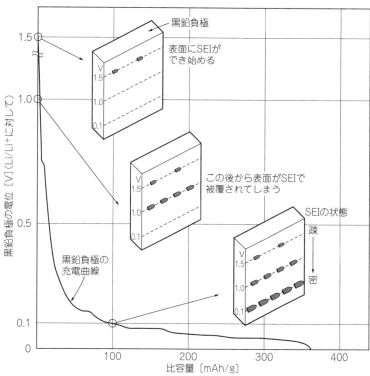

[図1-11][(4)] **充電時に黒鉛負極表面で起こる電解液の分解とSEI形成反応**
Liが黒鉛に挿入される(充電)前の1.5 V付近から,電解液が分解されて黒鉛上にSEI層ができ始める

　試料はNCM333[Li(Ni$_{1/3}$Co$_{1/3}$Mn$_{1/3}$)O$_2$,構成金属元素の頭文字と組成の略称]です.

　室温での溶出量はたかだか200 ～ 400 ppmですが,特にMnは負極上で電解液を加速的に分解し,電池抵抗を大きく増加させます.FeやCoは,負極上でウィスカ(細針)状に析出する傾向にあり,セパレータを貫通して微小な短絡を生じ,OCVと容量の低下を起こします.

▶負極上のリチウム析出で容量急減と不安全化

　③負極で不適切な状況が発生します.

　電解液が還元分解され,特にMnが堆積すると分解が促進されて電池抵抗が急増します.特に,10℃以下の低温環境下で充電すると,充電が効率良く進まず,負極に金属リチウムが析出する可能性があり,リチウムイオンが多量に消費されて,

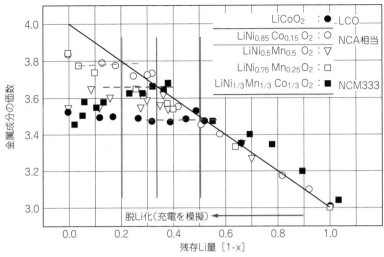

[図1-12][(5)] **LiMO₂系材料の脱Li化に伴う構造の不安定化**
どの材料もLiを半分以上抜く，つまり深く充電すると層状構造が崩壊し始める

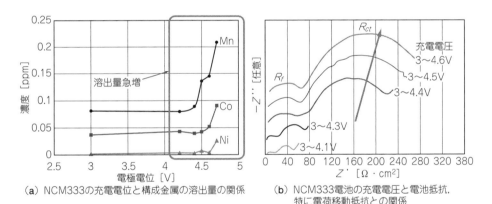

（a）NCM333の充電電位と構成金属の溶出量の関係

（b）NCM333電池の充電電圧と電池抵抗，特に電荷移動抵抗との関係

[図1-13][(6)] **NCM333正極からの金属成分の溶出と負極での堆積**
充電電圧が4.3V付近になると正極が溶解し始め，それらが負極で堆積して電池抵抗が増大する

容量が急激に低下するとともに，熱安定性も低下して発火リスクが高くなります．

● 充電電圧が高いと容量は増加するが寿命は急減

上記のケース2の例を**図1-14**と**図1-15**に示します．充電電圧と放電容量，サイクル特性の関係です[(6)(7)]．

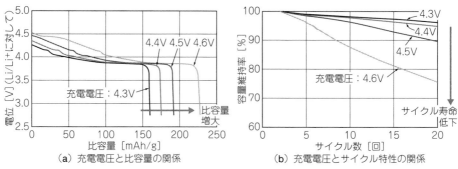

[図1-14]⁽⁷⁾ LiCoO₂の充電電圧とサイクル特性の関係

[図1-14][7] **LiCoO₂の充電電圧とサイクル特性の関係**
充電電圧を上げると容量は増加するが，サイクル特性は低下する

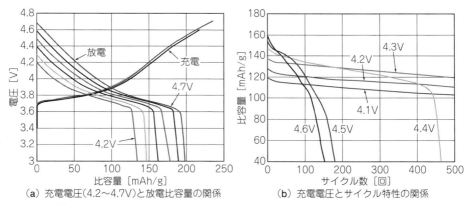

[図1-15][6] **NCM333の充電電圧とサイクル特性の関係**
リチウムイオン電池の一般則で，充電電圧を上げると容量は増加するが，サイクル特性は低下する

　両者は黒鉛負極とLCO（LiCoO₂）正極あるいはNCM333正極の電池です．充電電圧を上げると当初の放電容量は確かに増加しますが，サイクル特性は逆に大きく低下します．この現象は，ケース1と同じく，リチウムイオン電池の一般的な特徴です．

　充電電圧はサイクル寿命に大きな影響を及ぼすので，リチウムイオン電池を搭載したノート・パソコンでは，満充電で使用するモード以外に，エコ・モードと呼ばれるモードを設けて充電電圧を4.1Vにし，充電容量を8割程度に留めて長寿命化を図っています．

　また，20年超の寿命が必要な人工衛星でも，搭載されたリチウムイオン電池は，充電電圧を4.1Vまたは4.0V程度の仕様にしています．充放電電流が電池に及ぼす影響は第3章で説明します．

● サイクル特性と劣化のまとめ

　サイクル用途での容量劣化は，充電電圧が高くなると，正極はリチウムイオンが抜けるために構造が不安定化し，構成成分も溶出します．負極は電位が低くなるので電解液が分解して堆積し抵抗が増加します．結果，電池の劣化が加速します．

1-4	電池劣化の要因…その2：環境温度

　本節では，電池へ環境温度がどのように影響を及ぼすのかを解説します．

　高温環境と高い充電電圧は電池を加速的に大きく劣化させます．電池を保存する際の最適条件にも関係します．

■ 環境温度とサイクル／カレンダ寿命，保存寿命

● 電池特性を低下させる諸因子と影響度
▶サイクル寿命に温度の影響は大

　サイクル試験で，温度の影響を検討した例を紹介します[8]．

　試験電池は，正極にコバルト酸リチウム（LCO，$LiCoO_2$），負極にハードカーボン（HC，難黒鉛化性炭素）を用いた円筒形電池（18650：直径18 mm，総高65 mm，容量1.25 Ah）です．

　試験は充放電の電圧領域を4.2 V⇔2.5 Vとし，充放電電流は250 mA（0.2 C）を標準として，環境温度を10℃，25℃，40℃，55℃の4条件で行っています．

　この試験では，温度因子のほかに，電池の劣化に影響を与える因子として4項目を選択して追加し，その影響の大きさを加速試験法で評価しています．これらの5因子は次のとおりです．

① 温度
② 充電レート（率）
③ 放電レート（率）
④ 充放電レート（率）
⑤ 放電深度（DOD）

　図1-16は，温度因子の影響が特に大きいことを示しています．高温環境になると電池の劣化が大きくなるので，高温は好ましくないということです．

　もう1つの例は，正極にコバルト酸リチウム（LCO，$LiCoO_2$）を用いた携帯電話用の角形電池（容量600 m〜700 mAh）で，サイクル寿命の温度依存性を，電池の使用深さ（DOD）とともに評価しています[9]．

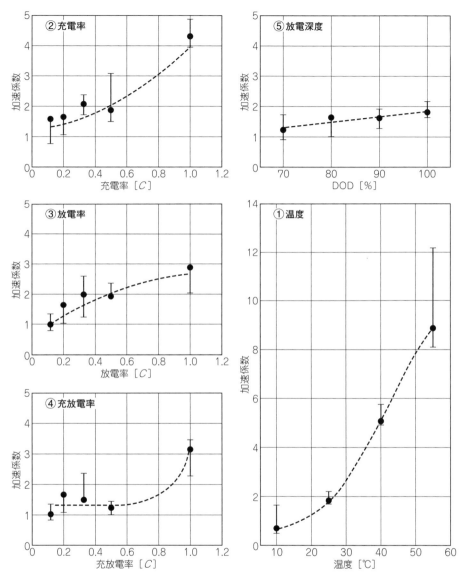

[図1-16][(8)]　**サイクル容量劣化を加速する環境温度**
温度の影響は他の因子と比べてとりわけ大きい

　環境温度は 25 ℃，40 ℃，50 ℃ で，充電は電流 1 C で 4.2 V の CC‐CV 方式で行い，放電は同じく 1 C で 1 時間（DOD 100 %）と 0.5 時間（DOD 50 %）の放電を行い，容量

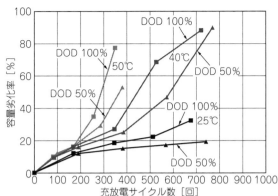

[図1-17](9)　サイクル寿命に与える
温度の影響
高温下で電池を使用すると早く寿命となり，さらに使用領域が広いと寿命に達するのが早くなる

が50％となるサイクル数を評価しています．

　図1-17に試験結果を示します．環境温度が高いところで使用すると早く電池寿命に到達し，また，電池を完全に使い切る使用法（DOD 100％）は，半分の使用法（DOD 50％）よりも早く寿命がくることがわかります．

▶カレンダ寿命にも温度の影響は大

　カレンダ寿命に及ぼす影響の評価は，正極にコバルト酸リチウム（LCO，$LiCoO_2$），負極に黒鉛を用いたモバイル用角形電池で行われています(10)．

　この試験では，環境温度と充電電圧とを相互に入れ替えて条件を変化させ，影響を検討しています．なお，この試験ではカレンダ寿命を「当初の容量が50％に低下するまでに要した月数」と定義しています．

　試験1では，充電電圧を比較的影響の少ない4.1Vに設定し，環境温度を25℃，45℃，55℃の3条件下で，電池を連続フロート（浮動）充電しています．

　結果をまとめた図1-18(a)は，極めて明瞭な形となっており，「環境温度が15℃上がると，寿命は1/2になった」と報告されています．

　試験2では，逆に試験の環境温度をやや高温の45℃にして，充電電圧を4.0V，4.1V，4.2V，4.3Vの0.1V刻みの4条件下で，満充電となったあとでもその電圧で連続フロートを行っています．

　試験結果を示す図1-18(b)でも，明瞭な直線関係が認められ，「45℃の環境下では，充電電圧を0.1V上げると，寿命が1/2になった」と報告されています．この試験では電解液の抵抗が増加し，ガスが発生したとインピーダンス解析から報告しています．

　結局，高温環境では，サイクル寿命，カレンダ寿命とも短くなるということです．

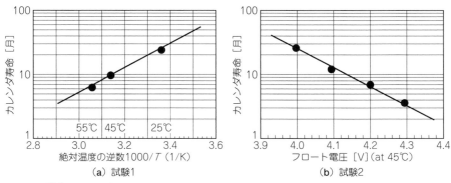

[図1-18]⁽¹⁰⁾　カレンダ寿命に影響を与える温度と充電電圧

▶フロート充電とは

　フロート充電とは負荷と並列に電池を設置し，電池が満充電でも，常に電圧が印加されている状況を指します．例えば，コンピュータのバックアップ電源などがこれに相当します（**表1-2**参照）．

● 温度が高くなると余計な副反応も活発になる

　このような結果となった背景には，高温下では本来の電池反応ではない副反応（寄生反応）がより活性になったことがあり，この副反応による劣化です．化学反応は温度が高くなると，速く激しく進行するという性質に起因しています．ちなみに，電池の電圧も放電容量も化学反応に基づきます．

▶副反応を抑制する

　この不要な副反応は，正負極の活物質と電解液の接する面（界面）で起こっています．

　そのため，この副反応を抑制または阻止するために，活物質の表面にナノメートル厚みのセラミック粉末のコーティング（被覆）層を設けたり，電解液に数種類の添加剤を加えたりしています．

　この処方により電極表面と電解液の接触を物理的に遮断したり，副反応で生成する有害な物質を捕捉し，無害化する方法などを採用しています．電圧が高く，有機溶媒を用いている関係上，副反応を回避し，性能を担保する必然的な方法です．

モバイル機器には電池の残存容量を示すインジケータが付いており，使用中に残りの容量を確認することがよくあります．一方，最近の薄形で大画面のモバイル機器は，以前の携帯電話やノートPCで行ったような，手持ちの予備電池と交換することは，商品の外観構造上ほとんどできません．すると，電池は容量がなくなるまで使ったほうがよいのか，容量が減ったらこまめに充電したほうがよいのかとふと考えます．

■ 電池の使用深さとサイクル寿命

機器の使いかた，裏を返せば電池の使いかたや充電の頻度に視点を置いたとき，それが電池寿命にどのような影響を及ぼすのかを3つのケースで紹介します．

● 携帯電話用電池で評価試験

評価は，正極にコバルト酸リチウム（LCO，LiCoO$_2$）を用いた600 ～ 700 mAh容量の角形リチウムイオン電池を使用し，充電は1Cの電流で上限電圧4.2 VのCC-CV（定電流-定電圧）モード，放電は1C電流で3 Vまたは所定の時間まで行われています．当初の容量が50 ％に低下した時点をサイクル寿命として，加速評価の観点から試験温度50 ℃で実施されています[11]．

▶DOD（25 ％，50 ％，100 ％）の影響

第1のケースでは，上記の充電モードで満充電後，放電深さ（DOD：Depth of Discharge）100 ％，50 ％，25 ％の3パターンで試験を行っています．

試験結果の一部を**図1-19**にサイクル数と容量劣化率の関係で示します．この試験を放電深度（DOD）からみた場合のサイクル寿命との関係を**図1-20**に示します．

放電深度（DOD）を大きく取った場合，つまり1充電後の電池作動時間を長くとることを繰り返すと，サイクル寿命はある時点から大きく低下することが，**図1-19**からわかります．一方で，この寿命に至るまでに放電で得た総エネルギ量を計算すると，深く使ったほうがやはり大きいとの結果になりました．ただ，浅く使うとLCOは放電前半部の電圧が高いので，効率面では試験の設定値より高くなりました．

結局，取り換え時期と総エネルギ量のどちらを優先するかの選択となります．これには，充放電による正負極活物質の膨張収縮による影響（材料の疲労度）と，4.2 VのCV領域で高電圧に長時間さらされたことによる影響（材料の劣化）の両者が

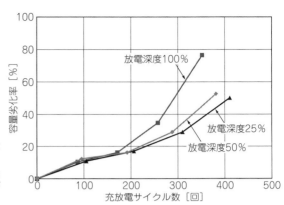

[図1-19]⁽¹¹⁾ サイクル容量劣化と
放電深度の関係
電池を深く使うとサイクル寿命に達する
のは早いが，放電で得られる総エネルギ
量はやはり大きい

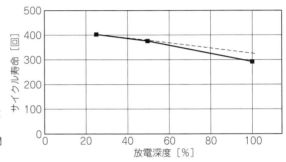

[図1-20]⁽¹¹⁾ サイクル容量劣化と
放電深度の関係
電池の放電深度とサイクル寿命は直線関
係に近い

関係しています．

▶電池の使用領域の影響

　第2のケースは，電池を50％容量の部分充電で使用した場合での影響を比較し
ています．試験は2つのパターンで実施されています．

(1) 電池を1C・4.2VのCC-CV方式で満充電（CV域は2.5 hr）した後にDOD 50
　　％（1Cで0.5 hr）まで放電する，つまり満充電後に半分の容量まで使用する．
(2) 電池を完全放電（DOD 100％ = SOC 0％）した後に，1Cの電流でSOC 50％（=
　　DOD 50％, 0.5 hr）まで充電し，（その状態でCV充電を2.5 hr続けた後に）
　　DOD 100％まで完全放電する．要するに，完全放電の状態とその状態から
　　容量が半分になるまで充電する，その間の領域を利用する．

　すなわち，電池の容量の前半分を使うか，後半分を使うか，その場合にサイクル
寿命はどうなるかです．

　試験結果を図1-21に示します．結局，完全放電に近い部分で電池の充放電を行

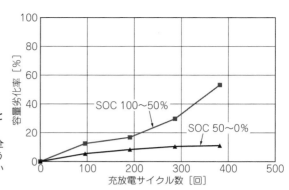

[図1-21]⁽¹¹⁾ サイクル容量劣化と
放電領域の関係
電池は満充電から半分使うよりも，完全
放電から半分充電までの範囲を使うほう
がサイクル寿命には有利．しかし，使い
かたには工夫が必要

うほうがサイクルでの容量劣化は少なく，電池電圧が高い領域で充放電すると容量
劣化が大きくなることがわかります．明らかに，この試験では試験開始とともに劣
化率が乖離し始めています．

　これらの理由は，後者のパターン(2)のほうが，

（1）正負極の結晶構造が受ける膨張収縮の影響
（2）充電終止電圧が4.2 Vのために高電圧から受ける影響

の両方が明らかに小さいためと考えられます．ただ，後半分を効率的に使用するの
は，結構な手間が掛かります．

▶充電時のCV領域にいる時間の影響

　第3のケースは，先のCC-CV充電でのCV時間が電池寿命に与える影響を比較
しています．

　試験は，電池を1Cの電流で充電終止電圧が4.2 VのCC-CVモードで充電し，そ
の後1Cの電流で3 Vまで放電した場合に，

（1）充電時間を3時間（うちCV状態は約2時間）
（2）充電時間を1.5時間（うちCV状態は約0.5時間）

とすると，サイクルでの容量劣化がどうなるか，つまりCV域にいる時間の長さが
容量に与える影響です．

　結果を**図1-22**に示します．充放電サイクルが進んでくると，充電過程で電池が
CV領域に長くいると容量劣化が大きいことがわかります．

　その理由は，

（1）充電でのCV状態での高電圧による影響（電解液の分解と脱Li化した活物質
　　の構造安定性）
（2）充放電による活物質の膨張収縮による影響（疲労）

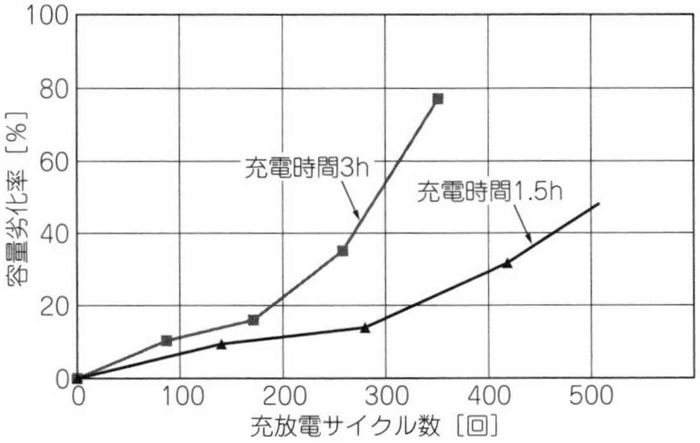

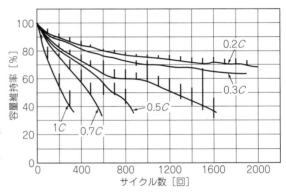

[図1-22][(11)] **サイクル容量劣化と CV（定電圧）時間の関係**
電池が充電中に末期のCV領域に長くいると，サイクル寿命は短くなる

[図1-23][(12)] **リチウムイオン電池の充電レートとサイクル寿命**
充電率が大きくなるにつれてサイクル寿命が短くなったのは負極の厚みの影響，つまり拡散の遅れが原因と考えられる

の2つが加算されたためと考えられます．

■ 充電レートの影響を試験

高容量の円筒形電池（18650）で，充電電流を0.2〜1Cの範囲で変化させた場合にサイクル寿命がどうなるかの例を図1-23に紹介します[(12)]．

充電電流が大きいとサイクル寿命が短くなっているのは，正極が高容量の活物質のため，対向する負極が厚くなり，このため充電レートでの充電受け入れ性が低下したと考えられます．

■ 電池の劣化を抑制する条件

最後に，電池の劣化を抑制するために，電池使用時に留意すべき条件を下記にまとめました．

● 留意すべき条件

(1) 充電電圧を上げると容量は増加するが，サイクル特性は特定の電圧を超えると急激に低下する．

特定の電位（容量）を越えると正極の結晶構造が崩壊し，材料次第では酸素の発生が起こり，電解液が分解される．負極では金属Liが析出し容量が急激に減少する．そのために危険性が増加する．

(2) 充電電圧が4.2 Vを越える付近から正極中の金属が溶出し，電池特性は低下する．

(3) 一般に正極材は高い電位を有し，遷移金属の酸化物のため触媒能をもつ．このため高温では副反応とガス発生が顕著で，電池抵抗は急速に増加する．

1-6	電池劣化の要因…その4：保存最適条件

結論を先に述べると，モバイル・バッテリなどのリチウムイオン電池を保存する条件は，

(1) SOC（State of Charge：充電状態，**図1-24**参照）を50 ％未満に，より好ましくは10 ～ 20 ％程度に保つ

(2) 環境温度は25 ℃以下の常温

が適切です．この冷所保存は電池の一般則です．

■ 保存劣化を最小限化するには

● 余分な副反応を抑制する

その理由は，おもに負極に黒鉛材を採用していることにあります．この条件が，不要な副反応が起こりにくい状況にあるからです．容量劣化をほぼゼロにすること

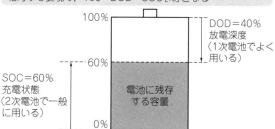

[図1-24] 充電状態SOCと放電深度DOD
SOCとDODは見かたの違いだけ

も可能ですが，充電式の2次電池なのでそこまでする必要もないと考えます．

▶SOCを低くする

　なお，SOC＝0％での保存は行わないほうが無難です．かえって不具合が生じることがあります．リチウムイオン電池は，工場での組み立て直後は，開回路電圧(OCV)がほぼ0Vで，当然SOCも0％ですが，この状態で長期間放置することは通常ありません．

　その理由は，この状態で長期間放置すると負極の銅(Cu)集電体が電解液中に溶出する可能性があり，次の化成[注1]工程の充電で溶出した銅イオン(Cu^{2+})が負極上に銅めっきされて遮断膜となり，その後の負極の充放電を阻害することがあるためです．

　もう少し説明すると，OCV＝0Vとは，正極と負極の電位(コラムA参照)が同じということです．このとき，負極の電位は，電位の基準点である金属Li極に対して3V強あります．この状態では，銅集電体は電気化学的に溶出する環境にあり，溶出すると上記の不具合を引き起こす可能性が出てきます．よって，SOC＝0％での保存はお薦めしません．

　結局，電池保存のポイントは，正負極の電位をどこに保持しておくと問題の発生が少ないかという点にあります．

● SOC＜50％で，室温以下の理由

　それでは，なぜSOCが50％未満か，なぜ室温以下の温度かを説明します．ポイントは副反応の進行をいかに抑制するかにあります．リチウムイオン電池は電圧が高いぶん，正負極での副反応を抑制することが電池特性を良好に維持する重要な項目の1つです．

▶黒鉛負極は特性に優れるが難点も

　その手掛かりは，電池を充電する際の黒鉛負極の電位の変化にあります．

　図1-25は黒鉛へLi^+が挿入される際の電位の変化を示した図です．黒鉛負極は，充電でLi^+が挿入されるにつれ，電位が階段状に変化しながら低下していきます．図のように，50％を越えたあたりで電位が30mV程度低下し，そこからほぼ一定の電位を保つことがわかります．この充電曲線の右半分では，電池はSOC 50％を越えた状態にあり，負極は非常に活性な状態になっており，電解液を分解しやすい

注1：化成とは，組み立てた電池を，ある程度充放電することで活物質を活性化させて，容量が十分に出る状態にもっていくこと．

状態です．一方の正極も高電位であり，これも活性が高い状態にあります．

　したがって，正負極が高活性となって副反応が起こりやすくなるのを避ける，つまり SOC 50 ％未満で電池を保存するのが適切です．

● SOC を変化させた NCA，NCM での報告例

　ここで実際の電池で評価した例を2つ紹介します．

　最初の例は「充電状態（SOC）の影響」です．市販リチウムイオン電池で実験しており，結果を図1-26に示します．電池は，負極が黒鉛，正極は NCA [Li(Ni$_{0.8}$Co$_{0.15}$Al$_{0.05}$)

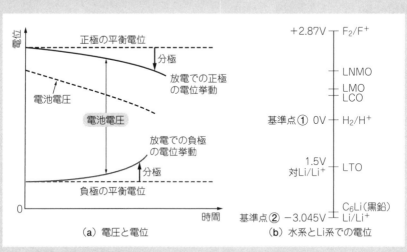

C o l u m n (A)

電圧と電位の違いについて

　「電圧が2 V」と表示した場合，それは単に「正極-負極間が2 V」なのであって，実際の正極，負極の位置が「どこにあるのか」がわかりません．これでは技術論議をするときに困るので，基準点を決める必要があります（図1-A）．

　例えば，水系では水素電極①に対し，Li系では通常金属Li極②に対して，「どこにいるのか」を電位で示します．つまり，「基準電極からの位置」を「（その電極の）電位」としています．

［図1-A］電圧と電位の違い
電圧＝正極の電位－負極の電位．電位とはその電極の基準点からの距離（V）

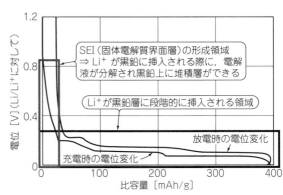

[図1-25] 充放電に伴う黒鉛負極の
電位変化
黒鉛が充電される, つまりLi⁺が層間に
収納されるには規則があり, このため電
位の平坦部が現れる. 放電時も同様

図中のラベル:
- SEI (固体電解質界面層) の形成領域 ⇒ Li⁺が黒鉛に挿入される際に, 電解液が分解され黒鉛上に堆積層ができる
- Li⁺が黒鉛層に段階的に挿入される領域
- 放電時の電位変化
- 充電時の電位変化

縦軸: 電位 [V] (Li/Li⁺に対して)
横軸: 比容量 [mAh/g]

O_2] または NCM333 [Li$(Ni_{1/3}Co_{1/3}Mn_{1/3})O_2$] です.

SOCを10％刻みで0～100％の間で充電し, 開回路状態にして25℃, 40℃, 50℃の環境温度下に10カ月間保存して, その間の電池容量と抵抗変化を測定しています[13].

結果は, 電池は環境温度が高いほど, またSOCが高いほど, なかでもSOCが50％を越えた条件では, 容量の低下と抵抗の増加が大きくなっています. 試験温度は50℃が最も劣化が大きいとの結果でした.

図1-26の枠で囲った部分に注目して比較すると, 負極の電位が及ぼす影響の大きさがわかります.

保存に関しても, 高温環境と高いSOCは好ましくありません.

● 満充電したNCAでの報告例

2つ目は, 開回路(OCV)状態で保存した場合の「温度の影響」です[14]. 試験は, NCA/黒鉛系の円筒形電池(18650)で, 4.1Vで充電後, 25℃, 45℃, 60℃でそれぞれ保存し, その後1Cの電流で放電した場合に, 容量が当初の60％になるまでの寿命を推定しています. その結果を図1-27に示します.

さらに, 充電終止電圧を4.0V, 4.1Vと4.2Vにそれぞれ設定し, 同様の試験を行っています. 結果は, 温度の影響を考察できるアレニウス型で整理しており, これを図1-28に示します.

結果は, ①保存温度が10℃上がると寿命への影響は1.8倍に加速した, ②電池の充電電圧は4.0～4.2Vの間では大差なかったと報告しています.

①の結果は, 化学反応速度論で言う「10℃2倍則」に近い値が副反応の形で確認されたために妥当であり, ②ではこの充電電圧では正極の電位は設計値以下のた

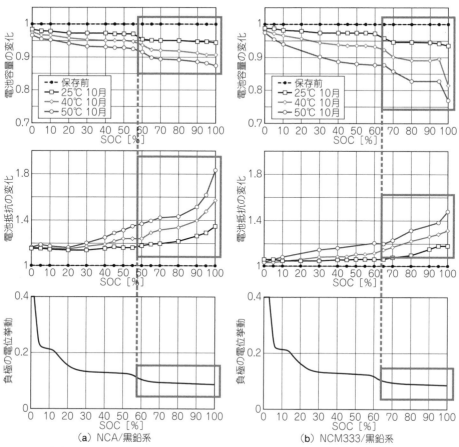

[図1-26][(13)] **電池保存の最適条件とは**
電池寿命を延ばすには，高SOC領域を避けて，SOCを50％未満にして，室温以下に保存すること

め高くなく，負極の電位もほぼ同じであるため（**図1-26**下段左図参照），差が現れなかったと考えられます．

やはり，ここでも高温保存は適当ではありません．

1-7	電池劣化を阻止抑制する電解液添加剤

すでに示したように，リチウムイオン電池は非常に広範な分野で用いられています．長い間ノートPCと携帯電話がおもな用途だった時代からすると，まったくの

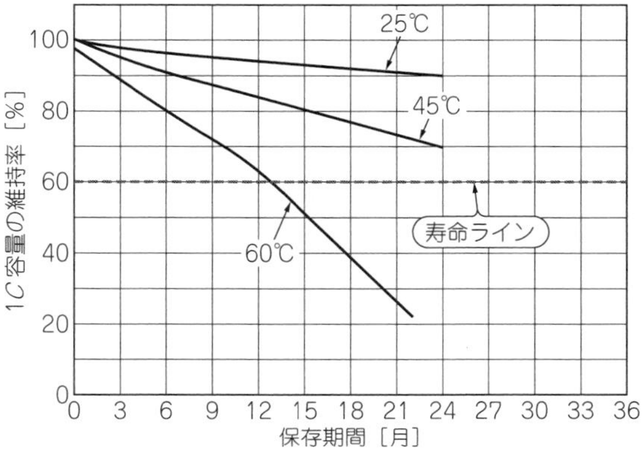

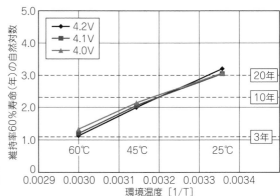

[図1-27][(14)] **保存温度の容量に与える影響**
電池の保存温度が高いとサイクル試験で早く寿命に達する

[図1-28][(14)] **保存温度がサイクル特性に与える影響**
保存温度が10℃上がると寿命に与える影響は1.8倍に速くなる. 電池の充電電圧は4.0～4.2Vの間では大差ない

様変わりとなりました. このように広く使用されるまでには, さまざまな改善と改良が行われてきました.

電池性能の向上と拡大に大きな貢献をしたのが, 電解液への添加剤です. 現状のリチウムイオン電池は,「添加剤」でもっていると言っても過言ではありません. 最新の電池には5種類を超える多くの添加剤が使用されています. 添加剤がない場合に生じる副反応による現象と影響は第1節の**図1-3**に示しています.

■ 信頼性を担保する電解液添加剤

副反応は充放電特性に大きな影響を与えます. 添加剤は副反応を抑制して, 特性改良や信頼性の改善に顕著な効果をあげているだけでなく, 安全性の面でも大きな貢献をしています.

本節では信頼性における添加剤の機能と効果を説明します．その信頼性工学では，信頼性とは部品に故障の発生する確率が低いこと，つまり長期間安定して動作できることを指します．電池は長期間にわたって安定な電源として作動することが前提なため，特性改良も含めて説明します．添加剤による安全性面での効果については，別途第2章で機能別に説明します．

添加剤を加えると，電池内のどこに，何が起きて，どう改善されるのかを**表1-3**にまとめました．電子技術者はこの表で，特性項目と効果を概略で理解すれば十分と思います．興味のある方は続けてご覧ください．

要点を簡単に説明します．信頼性を向上させる，つまり電池を安定に長期間作動させるためのポイントは，次の6点です．

● ポイント① 電池特性の改善

サイクル寿命は，充電時に起こる負極でのSEIの形成に伴うLi^+の消費に深く関係しています．黒鉛上のSEIの透過顕微鏡像を**写真1-2**に示します[15]．

したがって，まずこの電解液の分解を抑制することが最初の要件です．そのため添加剤は電位的に電解液が分解されるまえに，自身が分解して負極上に保護被膜を形成するように設計されています．

添加剤の有無による，高温保存後に黒鉛上に形成された被膜の状況の差を**写真1-3**に，サイクル特性での効果を**図1-29**にそれぞれ示します[16][17]．

このほか，モバイル機器には作動時間の長時間化から大容量電池が必要とされています．つまり，大量の活物質が密な状態で電池に充填されているため，製造工程

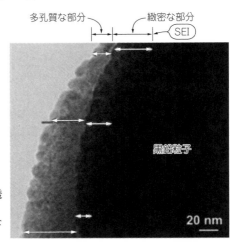

多孔質な部分　緻密な部分　SEI

黒鉛粒子

20 nm

[写真1-2][15] **黒鉛材上でのSEI形成と成長**（透過電子顕微鏡画像）
黒鉛上のSEIは2相で構成されており，下層は緻密な無機物の層，上層は多孔質の有機物層からなる

[表1-3] 信頼性を担保する電解液添加剤

添加剤とそれぞれの機能，役割を分類した

信頼性への 添加剤の効果	添加剤	機能・役割
サイクルが改善する (1) 負極SEI(固体電解質界面層)形成の改善 (2) 正極CEI(固体電解質界面層)形成の改善 (3) 電極の電解液濡れ性の改善	VC，VEC	SEI被膜が薄く，均質となり，抵抗の増加が小さい
	PS，LiBOB，LiDFOB，EGBE	CEI被膜が薄く，均質となり，抵抗の増加が小さい
	FB，CH	電解液の浸透により電極全体が均質に効率よく作動する
高温特性(保存性，サイクル特性)が改善する	SNなど短鎖のCN化合物，イミド塩，LiBF₄，ChT，TTFP	正極での溶媒の分解を抑制，金属元素の溶出を抑制．抵抗増加が小さい． 電解液での分解で生じた活性種を補足し電解液の変質を抑制する． Li塩の分解で生じた生成物と錯体を形成し電解液の分解を抑制する
貯蔵特性が改善する	Na化合物	特に充電状態での保存では，溶出したMnイオンの負極への析出堆積を抑制させる効果があるため，電池抵抗の大きな増加が抑えられる
電流特性と低温特性が改善する	フッ化リン酸塩(LiDFBOP，LiTFOP)	正，負極の表面にLiイオン透過性で，安定かつ薄い被膜を形成するため，充電受け入れ性が良好となる
高電圧充電が可能となる	SNなど短鎖のCN化合物(ニトリル)	正極へ末端のCN基が配向して溶媒の接近を阻止するため，溶媒の酸化分解が起こらず，5V近くまで充電が可能とされる
過放電が一部可能となる		過放電域に入ると負極の銅(Cu)集電体の表面に不働態の保護被膜を形成して溶解を防ぐ．一方，溶出したCuイオンとは錯体を形成して正，負極での分解析出を防ぐ(表面でのめっき現象や微小短絡を抑制する)

CH：シクロヘキサン，ChT：クロロトルエン，EGBE：エチレングリコール・ビスプロピオニトリル・エーテル，ES：エチレンサルファイト，FB：フッ化ベンゼン，FEC：フッ化エチレンカーボネート，LiBOB：リチウム・ビスオキサラトボレート，LiDFBOP：リチウム・ジフルオロビスオキサラトフォスフェート，LiDFOB：リチウム・ジフルオロオキサラトボレート，LiTFOP：リチウム・テトラフルオロオキサラトフォスフェート，PS：プロパンサルトン，SN：スクシノニトリル，TP：ターフェニル，TTFP：トリス(2，2，2-トリフルオロチエル)ホスファイト，VC：ビニレンカーボネート，VEC：ビニルエチレンカーボネート

では電解液の吸収が非常に遅くなり，生産性を低下させています．そこで電解液の浸透を促し，均質化を加速する添加剤FB(フッ化ベンゼン)なども使用しています．

● ポイント② 高温での保存性，サイクル特性の改善

　リチウムイオン電池には，高温環境と高いSOC，つまり満充電に近い状態が最

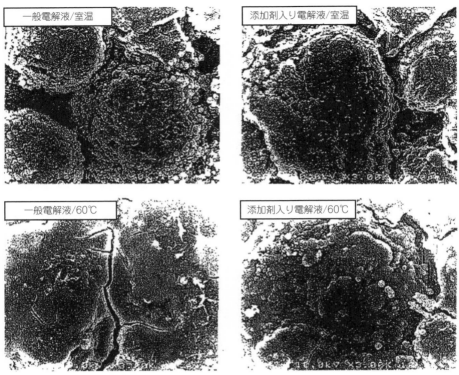

[写真1-3](16) **電解液添加剤による負極表面の保護**(充電後1カ月保存)
添加剤がない場合は黒鉛負極の表面は電解液の分解生成物で覆われているが，ある場合には堆積物が少ない
（電池抵抗が小さい）

[図1-29](17) **添加剤の効果例**(VC
の添加によるサイクル特性の改善)
VC(ビニレンカーボネート)は黒鉛負極
上で電解液が還元分解されるまえに自身
が分解してSEIとなり，負極での電解液
の分解を抑制する．適当な添加量でサイ
クル寿命が大きく延びる

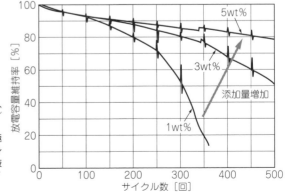

も悪い影響を与えます．この状況下では，電解液が正極で酸化分解されるだけでなく，活物質の構成金属元素も電解液中に溶出するとともに粒子表面には不活性な相が形成されます．一方，負極では電解液が還元されてSEIが厚くなり，電解液に溶出した金属イオンが堆積すると電解液を分解させて，いずれも電池抵抗を増加させます．ほかにも，高温ではLi塩の一部が解離して電解液を分解します．

特定の添加剤はこれらの不適切な反応を抑制します．一例として，正極での溶媒分解を抑制し，活物質表面を保護するEGBE（エチレングリコール・ビスプロピオニトリル・エーテル）の機能を図1-30に示します[18]．

● ポイント③ 保存特性の改善

高いSOCに長期間いると電池抵抗が増大します．そのおもな原因は，負極の電位が非常に低いため，電気化学的に電解液が分解されて表面に堆積するからです．加えて，正極から溶出した金属成分のなかで，特にMnイオンは負極に堆積すると電解液を連続的に分解して抵抗を大きく増加させます．

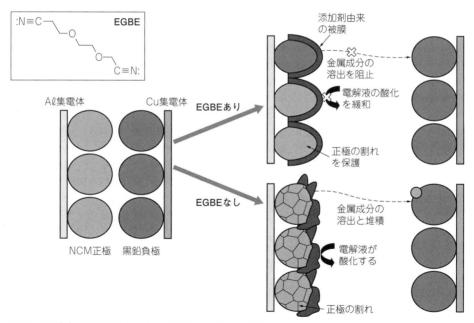

[図1-30][18]　EGBEの有無による電池内で起こる反応
ニトリル基（−CN）を有する化合物を添加すると，正極活物質に強く配位して表面を遮蔽し，電解液の分解や溶出，粒子の割れなどを抑制する

これに対して，Na塩の添加はMnイオンの堆積を効果的に妨害します．選択的に堆積したNa無機化合物層が緻密でMnの析出を阻むと考えられます[19]．実際に非常に有効です．

● ポイント④ 大電流/低温特性の改善
　大電流特性や低温特性は，材料や電極構成，電池構造と密に関係しており，電池性能が出ないのは，基本的に活物質の充電受け入れ性が低いためです．
　この改善には，初めに活物質の表面に均質で，極薄のLi^+透過性の被膜を形成させておくことです．ハイブリッド車(HEV)では電池に$30\,C$を越える大電流が充放電で出入りしますが，表1-3に示した種類の添加剤は著しい効果を発揮しています．

● ポイント⑤ 高電圧充電性の向上
　近年，モバイル機器の充電電圧は$4.2\,V$から$4.4\,V$へと上がっています．それは電

Column (B)

ナポレオンと電池

　今もフランスでは絶大な人気をもつナポレオンですが，その当時「電池」でビックリしたことをご存じですか？　筆者も「ヘェ～，そう？」と大層驚きました．

　その原因を作ったのが，あの有名なボルタ(Volta)です．彼はイタリアのガルバーニがカエルの足で「電池」を作ったのにヒントを得て，現在の電池の基本となる構成を考えついていました．彼はいろいろと試行した結果，銅(Cu)と希硫酸，亜鉛(Zn)の組み合わせにたどり着き，晴れて電池の発明者となりました．1800年6月には，この基礎理論を記した論文が英国王立学会の年報に掲載され，この成果はたちまち世界中に広まったようです．

　一方のナポレオンは，1000年続いた，あの「ベネチア共和国」を1797年に滅ぼし，まさに隆盛期にありました．1801年に再度イタリア遠征から凱旋した後，ボルタをパリに招待したそうです．赴いたボルタはフランス学会で報告を行った後に，ナポレオンの前で，彼の発明した「電池」を使って，「水」を水素ガスと酸素ガスに分解して見せたようです．軍人のナポレオンにしても，やはり，「まさか！」だったでしょうね．

　これにより，ボルタはフランスの最高勲章であるレジオン・ドヌール勲章を受けたそうです．まったく知りませんでした．これらの様子を描いた2枚の絵が，イタリア・ミラノのコモ湖畔にあるボルタ博物館に掲げられています．

　水がガスになるなど，きっとナポレオンは手品を見せられた感じだったでしょう．

池のエネルギ量(Wh = $V \times i \times h$)を大きくして，持続時間を長くするためです．

一方，充電電圧を高くすると電解液が分解されやすくなり，不適当な状態へ向かいますが，**表1-3**のニトリル系添加剤は5 V近くまで充電が可能と報告されており，実際に採用されています．溶媒の接近を遮断する機能と高活性となった活物質中の金属元素を遮蔽する機能とを併せもつことによる効果です．

● **ポイント⑥ 過放電特性の改善**

アプリ機器には電池の放電終止電圧があらかじめ設定してあり，その電圧で停止しますが，組み電池(電池パック)では特性の低い電池が過放電され，転極もありえます．この場合には負極の銅集電体が溶出し，その後の充放電で正負極を銅めっきして，電池性能を阻害する懸念があります．

添加剤SN(スクシノニトリル)による溶出抑制と防止の機能例を**図1-31**に示します[20]．

その後，ナポレオンは1801年にボルタを記念してボルタ賞を創設したと言います．

なお，電圧の単位の「ボルト(V)」は彼の名前アレッサンドロ・ボルタに由来しています．有名なボルタは，その肖像とボルタ博物館の外観がユーロ通貨に替わった2002年まで1万リラ紙幣に使われていました(**写真1-A**)．これを知って電池技術者の私も紙幣を所蔵しています．

◆参考文献◆
(1) 城阪 俊吉：エレクトロニクスを中心とした年代別科学技術史，p.48，1990年，日刊工業新聞社．
(2) ボルタ博物館HP

（a）ボルタの肖像

（b）ボルタ博物館

[**写真1-A**] 2002年まで使われていた10000リラ紙幣

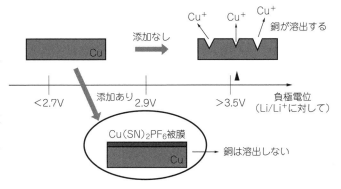

[図1-31][20] 過放電保
護剤SNの有無による銅
負極集電体に起こる腐食
反応
SNを添加すると，銅集電体
の表面には不動態の被膜が
形成され，過放電や転極な
どにより負極の電位が3.3V
や3.5Vを超えても銅の溶
出はない

◆参考・引用＊文献◆

(1)＊ J. Vetter et al.；J. Power Sources，147，pp.269-281（2005）.

(2)＊ 竹野 和彦，ほか；NTT DoCoMo テクニカル・ジャーナル，vol.13，No.4，pp.62〜65，2006年.

(3)＊ 竹井 勝仁，ほか；電力中央研究所 研究報告 T98072，1999年.

(4)＊ A.v. Cresce et al.；Nano Lett. 2014，14，1405-1412. J. O. Besenhard et al.；J.Power Sources，54，228（1995）.

(5)＊ A. Manthiram et al.；Solid State Ionics，177（2006）2629-2634.

(6)＊ H. Zheng et al.；J. Power Sources，207（2012）134-140.

(7)＊ Y. Takahashi et al.；J. Electrochem. Soc.，155，A537（2008）.

(8)＊ 竹井 勝仁，ほか；電力中央研究所 研究報告 T98072，1999年.

(9)＊ 市村 雅弘；NTT Building Technology Institute，2005，1-7.

(10)＊ K. Asakura et al.；J. Power Sources，119-121（2003）902-905.

(11)＊ 市村 雅弘；NTT Building Technology Institute，2005，1-7.

(12)＊ 和田 哲明；日本信頼性学会誌，Vol.39，No.4，154-161，2017年.

(13)＊ P. Keil et al.；J. Electrochem. Soc.，163（9）A1872-A1880（2016）.

(14)＊ 和田 哲明；日本信頼性学会誌，Vol.39，No.1，16-28，2017年.

(15)＊ P. Guan et al.；J. Electrochem. Soc.，162（9）A1798-A1808，（2015）.

(16)＊ 吉武 秀哉；機能性電解液，リチウムイオン二次電池，第二版，pp.73〜82，日刊工業新聞社，2000年.

(17)＊ 宇恵 誠；自動車用リチウムイオン電池，電解質，pp.108〜141，日刊工業新聞社，2010年.

(18)＊ P. Hong et al.；J. Electrochem. Soc.，164（2）A137-A144，（2017）.

(19) S. Komaba et al.；Electrochem. Commun.，5，（2003）962-966.

(20)＊ Y.-S. Kim et al.；ACS Appl. Mater. Interfaces 2014, 6, 2039-2043.

第2章

発熱/発火のメカニズムとさまざまな対策方法
リチウムイオン電池の安全性

2-1　電池の破裂，発熱/発火…ポリマー電池は安全？

　リチウムイオン電池の安全性については，発熱/発火トラブルとそれによる電池のリコールが，過去10年以上にわたり毎年発生しています．

■ 発熱/発火事故はエネルギ密度の増加と相関

　電池のエネルギ密度の増加と利用分野の拡大，生産数の増加につれて，事故発生件数は増加傾向にあります．一方で，不適切な取り扱いが原因となった例も多数報告されています．

　とりわけ，電池はエネルギの缶詰であり，エネルギ密度の増加は発熱/発火と大きく関係しています．

　図2-1にエネルギ密度の伸長を活物質の変遷とともに示します．この電池が上市されてすでに27年，この間にエネルギ密度は4倍程度にまで増加しています．

● 安全不具合の原因は把握ずみだけど…

　リチウムイオン電池の安全面での不具合（破裂，発熱/発火）は，FTA（Fault Tree Analysis：故障の木解析）分析により，過熱の原因はほぼ把握されています（図2-2）．

　この図に基づいた安全への対策は，
(1) 電池本体（活物質とその合成法の選択，安全に向けた材料の改質，電池設計，筐体設計）
(2) 電池製造工程での対応と管理/検査
(3) 安全部品を装着した電池パックの設計
(4) 充電器の設計

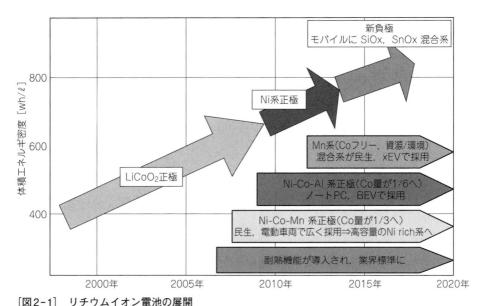

[図2-1]　リチウムイオン電池の展開
新しい電池材料の採用で体積エネルギ密度は増加しており，耐熱安全機能も導入されてきた

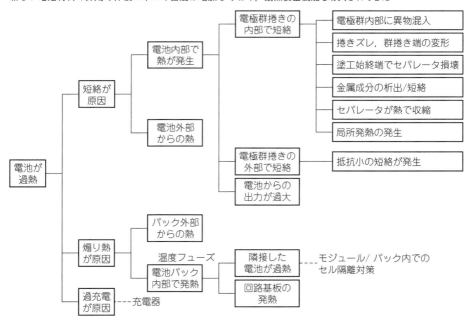

[図2-2]　電池安全性のFTA解析と対応
発熱，発火の原因はほぼ究明されている

などを主体に行っていますが，いまだに事故が発生しており，根絶できていないのが現状です．

● 発火原因は異物混入，組み立て不良，設計不良

従来，発火は電池を搭載した機器が使用され始めてから1〜2年後に発生したケースがほとんどでした．発火原因には，次の項目が主に考えられます．

(1) 電池設計に余裕がない．例えば，充放電に伴う正負極の膨張収縮率を計算に入れた設計や負極と正極の容量比の設計，材料特性などに余裕度が足りない
(2) 製造工程での金属異物の混入．例えば，機械設備の摺動部や部品加工時の剥離物，極板の裁断で発生したバリ，溶接工程で飛散した溶接玉などが混入した
(3) 製造工程での電極の巻きずれやケースへの収納時に電極の折れ曲がりが発生した

● 原因把握や検査しても根絶できていない実態

事故の発生から見ても，「捲きずれ」や「折れ曲がり」などの不良は，製造工程でのX線透視検査にもかかわらず，完全には排除できていないことを表しています．

このX線透視での不良例を**写真2-1**に示します．正常品と比べ，不良品では電極に相当の折れ曲がりが確認でき，実際に市場で発熱や発火が起こっています．

■ 電池の破裂の原因と状況

電池の「破裂」は，主に過充電による電解液の分解で生じるガスによって引き起こされます．

このガスの発生速度と発生量が，「ガス排気機構」の能力を越えた，またはその

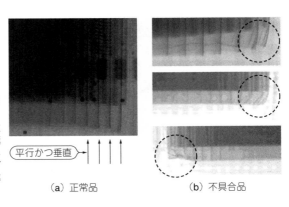

[写真2-1] パウチ形電池での捲回電極の下部のX線CT像
正常品は捲回電極の下部が平行かつ垂直に保たれているが，不具合品は捲回電極をパウチ・ケースに「不注意に押し込んだ」ために，電極の下端部（丸囲み部）が折れ曲がってしまい，内部短絡する確率が高い

平行かつ垂直

(a) 正常品　　　(b) 不具合品

機構を無能化した場合に起きます．モバイル機器では，電池の正極はLCO（LiCoO$_2$）が主です．高容量のニッケル系（NCAや高Ni含有NCM系）では，ガス発生量がLCOよりも多い傾向にあります．

　一方，高容量の要望から，充電電圧は4.4 V付近へ上がっており，電解液が分解しやすい状況にあります．電池が破裂に至る機構は第3節で解説します．

■ 電池の発熱／発火と熱収支の関係

　「発熱／発火」での熱安全性は，電池の「蓄熱性」と「放熱性」の熱収支（バランス）で決定されます．つまり，ある原因による熱の発生量が放熱量よりも大きい場合には電池の温度が上昇し，最終的に熱暴走して発火に至ります．その機構は第4節で解説します．

　「発熱」は過充電時や過大電流により安全部品が作動した場合，あるいは安全用添加剤が機能した際にも起こります．その際の発熱は，本章のテーマとは関係しないので除外すると，電池内で何らかの短絡が生じたと考えられます．

● 内部短絡と発熱／発火の関係

　等価回路を図2-3に示し，電池電圧をE，電池の内部抵抗をR_C，短絡部の抵抗をR_S，短絡部に流れる電流をI_Sとして，流れる電流を計算すると，次式になります．

$$I_S = \frac{V_B}{R_S + R_C}$$

　ただし，V_B：電池電圧[V]，R_C：電池の内部抵抗[Ω]，R_S：短絡部の抵抗[Ω]，I_S：短絡部に流れる電流[A]

　短絡箇所での発熱量W_Sは，次式で表されます．

$$W_S = I_S^2 R_S = \frac{V^2 R_S}{(R_C + R_S)^2}$$

　この式で，電池のR_C値に対し，短絡部の抵抗R_S値を変数としたシミュレーションが複数報告されています．計算で得られた発熱量は，いずれも特定の値で極大となっています．その結果の例を図2-3(c)に紹介します[1]．

　計算結果は，おもに次のように報告されています．

(1) 短絡部に流れる電流は，抵抗R_Sが小さい領域では大きな電流が流れるが，発熱量W_Sは比較的小さい

(2) 短絡部の抵抗R_Sが増加すると，発熱量W_Sも増加し，特定の点で極大値を示す

(3) 短絡部の抵抗R_Sが大きい領域では，発熱量W_Sは比較的小さくなる

（a）内部短絡時の等価回路

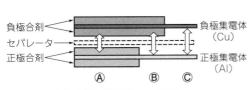

（b）内部短絡箇所のモデル図

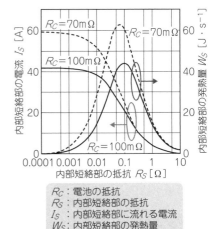

R_C：電池の抵抗
R_S：内部短絡部の抵抗
I_S：内部短絡部に流れる電流
W_S：内部短絡部の発熱量

（c）内部短絡箇所の抵抗R_Sと流れる電流I_S，内部短絡部の発熱量W_Sの計算例

[図2-3][(1)] **電池の内部短絡時の発熱シミュレーション**
内部短絡部の抵抗値が電池抵抗値と同じ場合に発熱量は最大となる．計算結果では（b）のケースBが最も危険となった

（4）短絡部の抵抗R_Sが電池抵抗R_Cと同じ場合に最大の発熱となる

　これらの結果は，実際の電池での発熱／発火試験の結果とよく整合しており，第4節で説明します．

● ポリマー電池も発火する

　リチウムポリマー電池も基本構成がほぼ同じなので現象も似ています．ただ，筐体がパウチのため強度の点から破裂はパウチの開口で終息し，電解液の蒸気圧がやや低くなる点はありますが，不適切な取り扱いでは同様に発火します．

2-2	なぜ破裂するのか？ どのように防ぐか

　電池の破裂は，内部で発生したガスの内圧が電池容器の耐圧を越えたときに，さまざまな形で起こります．
　リチウムイオン電池の破裂は，これまでも起こっており，その対策として電池には防爆安全弁やガス排気機構が設置されています．しかし，ガスの発生速度が速く，その発生量がガス排気能力を越えた場合や発生したガスによって排気機構が何らか

の形で無効化された場合には破裂が起こります.

■ リチウムイオン電池の破裂現象と安全対策

　破裂とは破れ裂けることですが，最悪の場合，破裂と同時に電池が飛んでいきます．いずれにせよ，たいへん危険なので，この事象は解決しなければなりませんでした．その対策は，発生したガスを安全に排気するか，またはガス発生を根本からなくすことになります.

　本節では，ガス排気弁（防爆安全弁）について解説し，併設してある電流遮断（CID：Current Interruption Device）機能は第6節で説明します．それ以外の安全部品と添加剤については，次の第3節で解説します.

● 電解液の分解によるガス発生と安全機構

　リチウムイオン電池の破裂は，通常過充電で電圧が上昇し，電解液が分解して生じるガスが連続的かつ多量に発生する場合に起こります．電解液が分解すると，おもに炭酸ガス（CO_2）が発生します.

　安全機構がない場合は，ガス圧が電池部品の耐圧を越えた場合に電池は破裂します．したがって，安全を担保する1つの方法は，ガス排気弁を設置し，これを作動させて内部のガスを外部へ逃がすことです.

▶円筒形電池の安全機構

　円筒形電池では，ガス排気弁（防爆弁）は通常，封口板に組み込まれています（図2-4）.

　弁は2組あって2段階で作動します．いずれもアルミニウム（Al）製の薄板に，円形の溝が刻まれており，互いに溶接されてCID機能を兼ねています．発生したガスで内圧が上昇すると，下部弁体の溝部が破断して外側に開き，この時点で電流が切断，つまり電池反応が停止されます.

　ただ，後続するガス発生により，上部弁体のガス排気弁（防爆弁）が同様に破断して外側に開き，キャップに設けた孔から外部に排気されます[2].

　以前は，ケース（缶）底に同様な円形溝を金型でプレスして設け，同様にガスを逃がす方式のものもありました．しかし，缶底が厚く硬いため，薄肉部の厚さを一貫した精度で連続加工するのが難しく，排気作動圧が一定しないので，国内では採用されていません.

▶角形電池の安全機構

　角形電池では，図2-5に示すように，封口板の一部に切削（coining：コイニング）

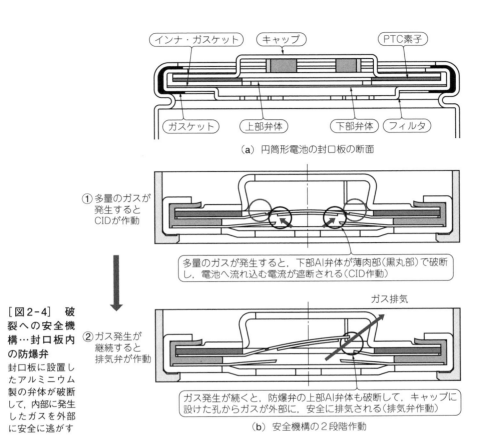

インナ・ガスケット　キャップ　PTC素子

ガスケット　上部弁体　下部弁体　フィルタ

（a）円筒形電池の封口板の断面

① 多量のガスが発生するとCIDが作動

多量のガスが発生すると，下部AI弁体が薄肉部（黒丸部）で破断し，電池へ流れ込む電流が遮断される（CID作動）

ガス排気

② ガス発生が継続すると排気弁が作動

ガス発生が続くと，防爆弁の上部AI弁体も破断して，キャップに設けた孔からガスが外部に，安全に排気される（排気弁作動）

（b）安全機構の2段階作動

［図2-4］　破裂への安全機構…封口板内の防爆弁
封口板に設置したアルミニウム製の弁体が破断して，内部に発生したガスを外部に安全に逃がす

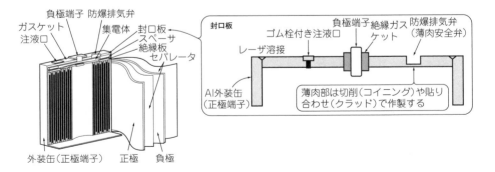

負極端子 防爆排気弁
ガスケット 集電体 封口板
注液口 スペーサ
絶縁板
セパレータ

外装缶（正極端子）　正極　負極

（a）角形電池の構造

封口板
ゴム栓付き注液口　負極端子 絶縁ガス 防爆排気弁
　　　　　　　　　　　　　　ケット（薄肉安全弁）
レーザ溶接

AI外装缶
（正極端子）

薄肉部は切削（コイニング）や貼り合わせ（クラッド）で作製する

（b）角形電池での破裂防止機構が付いた封口板（断面図）

［図2-5］　破裂への安全対策…角形電池
封口板の一部に設けた薄肉部が破けて，内部に発生したガスを外部に逃がす

や貼り付け(clad：クラッド)加工により，薄肉部を設けてあり，内圧が上がるとその部分が破けて，ガスが外部に排気されます．

▶パウチ電池の安全機構

　パウチ電池(ラミネート電池)では，筐体(ケース)がAl箔の上下に複数枚のポリマ・シートを貼り合わせた材料で構成されています．

　すでに示したように，この外縁部を熱で接合して封止(シール)しています．そのためガスで内圧が上昇すると，接合部の最も脆弱な部分が剥離して開口し，ガスを逃がします．

2-3	電池破裂への安全対策

　破裂への安全機構が電池の形状ごとに異なるのは，筐体(ケース)の特徴がそれぞれに異なるためです．筐体ごとに長所と短所があり，表2-1にまとめます．電池を選択する際の参考にしてください．なかでも，パウチ包材であるAlラミネート材の説明はほとんど見かけないので，代表的な構成例を図2-6に示します[3]．

■ 破裂への安全化策…安全部品と添加剤

　本節では，新規に開発された安全部品と安全を担保する電解液への添加剤について説明します．

　電池内部で発生したガスを外部に排気する安全弁は実際に有効です．しかし，ガス発生量が大きい場合には予期しない現象が起こることがあり，この場合に破裂を

[表2-1]　電池ケースの形状と特徴
アプリケーションの形状や仕様で適合性が変わる

形　状	長　所	短　所
円筒 (鉄ニッケルめっき，Zn)	• 内圧に強い • カシメまたはハーメチック(液密)封止が必要 • 封口作業が速い	• 空間利用効率が小さい • 冷却効率が小さい • 封口板の構造が複雑，ガス排気機構が必要
角形 (Al，ステンレス) • アプリケーションの用途で材質と形状を設計	• 空間利用効率に優れる • 一般的に軽量	• レーザ溶接封口設備が高価，封口作業が遅い • ガス排気機構が必要 • 冷却効率が小さい(⇒幅広形へ)
パウチ (Alラミネート・フィルム)	• 冷却効率に優れる(積層型) • 構造が簡単 • 封止(熱溶着)が容易 • 最も軽量	• 長期信頼性が未確認(xEV用は10〜15年が必要) • セル支持機構が必要 • 膨張破裂しやすい

(外側)	配向性ナイロン膜 (25μm厚)	アルミニウム箔 (40μm厚)	変性ポリプロピレン	ポリプロピレン膜 (45μm厚)	(内側)
	(外装)		(接合層)	(絶縁シール層)	

(a) モバイル用

ポリエチレン・テレフタレート膜 (12μm)	配向性ナイロン膜 (25μm)	アルミニウム箔 (40μm)	変性ポリプロピレン	ポリプロピレン膜 (45μm)

＊：車載用での外側のポリエチレン・テレフタレート（PET）フィルム膜は絶縁性増強のため

(b) 車載用

[図2-6](3) パウチ・ケース包材の構成例

AI箔の表裏にプロピレン膜やナイロン膜が接合されている

[表2-2] 電池破裂への安全化策
電池形状に合わせて安全化部品が設置されている

不安全要因	部 品	機 能	電池形状と設置場所		
			円筒形	角形	パウチ形
ガス発生 (主に過充電)	電流遮断機構 (CID：Current Interruption Device, 剥離型, 破断型)	円筒形では封口板内に設置されている. 剥離型：2枚の円形Al弁体が中心部で溶着されており，発生したガスでAl弁体が上方へ押し上げられる際に，溶着点が剥離して電流を遮断する 破断型：2枚の円形Al弁体が中心部で溶着され，コイン形状の薄肉溝が加工された下部Al弁体が，発生したガスで上部Al弁体が上方へ押し上げられる際に，溝部で破断して電流を遮断する	○	(○)	
	防爆弁付き封口板(円筒形)	CID機能をもつ下部Al弁体の上部に，円形状の薄肉溝が加工された上部Al弁体が溶接されており，この溝部が破断することで後続して発生したガスを排気する	○		
	開口度を大きくした上部絶縁板	内部で発生したガスの浮力で持ち上がった電極群を受け止め，広く開いた開口部からガスを上部空間に導く機能を担う	○		
	薄肉部付き防爆封口板(角形)	内部で発生したガスを封口板の薄肉部が破断して外部へ逃がし，破裂を防止する		○	
	円形状の薄肉溝を内底部に刻印した缶	発生したガスを，薄肉部が外側へ破断することで，安全に逃がして破裂を防止する	(○)		
	ハウジング	内部で発生したガスを溶着部が開口することで安全に逃がす			○

防ぐには追加の機構や添加剤が求められます．そのいずれもが数年前に実用化されました．機構部品による安全化策を**表2-2**に示します．

● 高容量化とガス発生…構成部品で対応

スマートホンやタブレットなどのモバイル機器の使用時間が長くなっており，電池にはよりいっそうの高エネルギ，具体的には高容量化が求められています．

この高容量化への対応には，

(1) 高容量が可能な正極活物質材料を用いる
(2) 充電電圧を上げて高容量にする
(3) 大量に詰め込む

の3つの方法があります．いずれにも課題が付随しており，対策が必要です．

▶高容量化とガス発生

(1)には，次の2つの方法があります．

① 正極にNCA($LiNi_{0.8}Co_{0.15}Al_{0.05}O_2$)を用いる
② NCM($LiNi_aCo_bMn_cO_2$, $a+b+c=1$)でNiの含有率(a値)を高くする(ハイニッケル化)．具体的にはaを0.6～0.8にする方法

Niの含有率を高くすると，発生するガスの量が従来のLCO($LiCoO_2$)に比べて，一段と多くなると報告されています．

▶充電電圧とガス発生

(2)の方法を説明します．

充電電圧を高くすると，電解液が分解し，正極も層状構造が不安定化することが以前から報告されています．現在，モバイル機器での充電電圧は，従来の4.2Vから4.35～4.4Vまで上がっており，電解液の分解が起こりやすい状況になっています．

電解液の分解は化学反応のため，(1)も(2)も温度が高くなるとガス発生が加速されて，好ましい状況ではありません．この状況で，多量のガスにより破裂が起こったことがあり，電池の内部では何が起こっているかを解明し，その対策も行ったので紹介します．

解析したのはNi系の高容量の円筒形電池です．電池には正負極をセパレータとともに捲回した電極群が収納されており，高温での充電では電解液が分解し，ガスが発生する傾向があります．

通常ガスは，電極群の隙間を伝って上部の空間へ移動し，多量になると内圧で溶接された2枚のAl弁体を上方へ押し上げます．このとき，**図2-7**に示した円筒形電池で，**図2-8**のように2枚の弁体間の溶着部が剥離して電流が遮断され，電池反

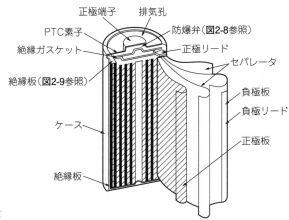

正極端子　排気孔
PTC素子　防爆弁（**図2-8**参照）
絶縁ガスケット　正極リード
絶縁板（**図2-9**参照）　セパレータ
負極板
負極リード
ケース　正極板
絶縁板

[図2-7]　円筒形電池の構造

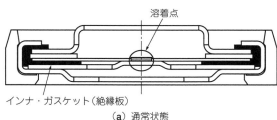

溶着点
インナ・ガスケット（絶縁板）
（a）通常状態

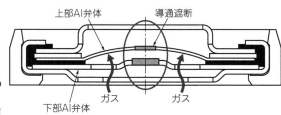

上部Al弁体　導通遮断

[図2-8][(4)]　**封口板内のCID機構の作動**（剥離方式）
内部にガスが発生すると封口板内の電気接点が剥離して，流れ込む電流を遮断する

下部Al弁体　ガス　ガス
（b）CID作動：Al弁体間の溶着点が剥離して電流を遮断

応は停止されます[(4)]．もう1つの破断型のCIDは第6節で図解します．

▶偉大な小部品

　ガス発生速度が速く，しかも発生量が多いと，ガスの上部への移動が円滑に進まず，正負極間に泡となって滞留します．

　この状態では，泡による浮力で電極群が上方へ持ち上がります．そのとき電極群は外周がテープで緊縛されているので，中心部が選択的に持ち上がって円錐状になります．電極群の真上には，正極リードを通す有孔の「上部絶縁板」が載置されて

（a）一般的な上部絶縁板

（b）捲回電極の上部に載置した
開口度の大きい絶縁板

おり，形成された円錐体は上部絶縁板の開口孔を塞ぐ形になります．このため，内部のガスは逃げ道を失って内圧を上昇させ，最後は「破裂」に至る場合があることが解明されました．

破裂の原因は発生した多量のガスですが，シミュレーションと実験から，上部絶縁板の開口部と開口率を大きくすると，ガスを安全に排気できることが確認できました（図2-9）．

正極活物質のNi比率が高まるなかでは重要な部品です．注目を集めている米国のEVの電池にも使っています．

▶無理な詰め込みは不適切

（3）の方法も実際に採用されていますが，電池構造に相当の無理がかかった結果，市場で発熱と発火が生じており，適切ではありません．

■ 添加剤によるガス発生抑制

電解液の分解を抑制して破裂を防止する方法として添加剤があります．

ガス発生となる電解液の分解は，充電された正負極の表面で起こります．負極での分解抑制は，すでに標準装備となっている添加剤（VC，PS）が表面に被膜を形成して分解を抑制しています．

次の添加剤は，最新の電池にも採用されています．

正極活物質は充電で電子を取られて酸化，すなわち高価数へ変化します．例えばLCOでは，

$$Co^{3+} \rightarrow Co^{4+}$$

NCM/NCAでは，

$$Ni^{2+}/Ni^{3+} \rightarrow Ni^{4+}$$

になります．高価数になると反応性が増し，他方で金属元素自身は安定な元の状態に戻りたいため，近接する溶媒を酸化します（自身は還元される）．この酸化反応でガスが発生します．したがって，ガス発生を抑制/阻止するには，溶媒の正極への接近を物理的に阻害することが1つの解決策になります．

● 新添加剤は多機能

この機能を具体化するには，次の手法があります．

> (1) 活性な金属元素にキャップをする（フタをかぶせる）
> (2) 溶媒の接近を3次元的に妨害する

これを実現するのが，シアノ(CN)基とCH_2基を適度に有するニトリル化合物です．その機能のイメージを図2-10に紹介します[5]．

CN基は強い電子吸引性から電子を多く帯同しており，高酸化状態の金属元素に強く配位して，これを遮蔽します．他方，適度の長さのCH_2鎖は屈曲し回転して，らせん状に敷設した鉄条網のようになり，溶媒の接近を阻み，その酸化分解を抑制します．

この代表例がスクシノニトリル(SN)で，電解液は5V付近まで分解しないと報告されています．

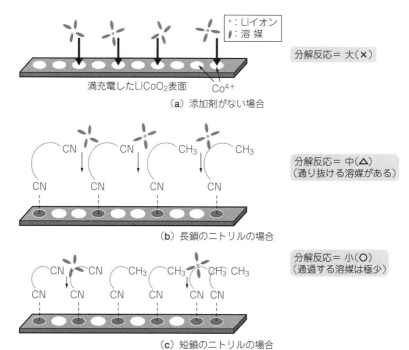

[図2-10][5]　**脂肪族ニトリル添加剤による電解液分解の抑制**
適当な長さの脂肪族ニトリルを電解液に添加すると，末端のCN基が正極の遷移金属原子(Co^{4+})に強く配位して遮蔽しながら，これを不活性化し，中間の鎖部分はらせん構造を形成して溶媒の接近を阻害し，分解を抑制する

2-4	発熱のメカニズム

本節のテーマは，リチウムイオン電池は，「なぜ発火するのか，何が燃えるのか？」です．

答えは「電池が発熱を続け，最後に熱暴走して発火する」で，燃えるのは主に「電解液と充電された負極（炭素材）」です．

しかし，なぜ発熱するのかとの疑問が残ります．この一連の現象と過程を解説します．

■ 電池が安定な状態を求めるため発熱する

発熱とは，「系がエネルギ的により安定な状態へ移行する際に，差分の熱を放出する現象」です．放出すると系は安定な状態に落ち着きます．

● 多数の可燃性材料が内在する

リチウムイオン電池は，電解液の有機溶媒のほかにも，負極の黒鉛材など可燃物を多く内蔵しています．

充電すると正極からリチウムイオンが離脱し，負極の黒鉛層間にC_6Li_x（$0 \leqq x \leqq 1$）の形で収納されます．

収納されたLi^+は反応性が高く，低温や大電流で充電した際に負極上に析出する金属Liはさらに活性で電解液と反応してすでに熱を蓄えています．このまま充電を続けると，層状化合物の正極から活性の高い酸素（O_2）が離脱し，電解液を酸化して発熱し，負極も発熱しているので，ある時点で電池は突然に発火します．

▶ニッケル-水素電池には可燃物が1つだけ

ニッケル-水素電池は燃えません．それは「いったん電池になると電解液で濡れてしまい，燃える状態にない」からです．

表2-3に2つの電池の構成部材の可燃性を示します．

● 発火には充電や内部短絡，劣化度が関係する

発火には，主に2つの事象があります．

(1) 充電した電池が高温環境に曝されたとき
(2) 内部短絡が起こったとき

これらの発火には電池の劣化状態が大きく影響しています．

[表2-3] 電池の主要4部材とその可燃性（太字が可燃物. Me：遷移金属, M：希土類元素の混合物）
リチウムイオン電池には可燃材がたくさんある

種　類	正　極	電解液	セパレータ	負　極	備　考
リチウムイオン電池	$LiMeO_x$ **導電材** **バインダ**	$LiPF_6$塩 **有機溶媒**	**ポリエチレン/ポリプロピレン微多孔膜**	**炭素材/黒鉛** **充電品のC_6Li_x** **バインダ**	可燃物が多い
ニッケル‐水素電池	$Ni(OH)_2$ **バインダ**	KOH H_2O（水）	**親水処理したポリプロピレン不織布**	水素吸蔵合金(M) **バインダ**	いったん電池になると燃えない

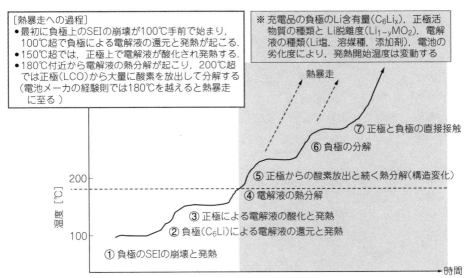

［熱暴走への過程］
- 最初に負極上のSEIの崩壊が100℃手前で始まり，100℃超で負極による電解液の還元と発熱が起こる.
- 150℃超では，正極上で電解液が酸化され発熱する.
- 180℃付近から電解液の熱分解が起こり，200℃超では正極(LCO)から大量に酸素を放出して分解する（電池メーカの経験則では180℃を越えると熱暴走に至る）

※ 充電品の負極のLi含有量(C_6Li_x)，正極活物質の種類とLi脱離度($Li_{1-y}MO_2$)，電解液の種類(Li塩，溶媒種，添加剤)，電池の劣化度により，発熱開始温度は変動する

熱暴走

⑦ 正極と負極の直接接触
⑥ 負極の分解
⑤ 正極からの酸素放出と続く熱分解（構造変化）
④ 電解液の熱分解
③ 正極による電解液の酸化と発熱
② 負極(C_6Li)による電解液の還元と発熱
① 負極のSEIの崩壊と発熱

200

100

温度 [℃]

時間

[図2-11] 充電したリチウムイオン電池を加熱した場合の熱暴走/発火へのイメージ図
充電した電池を加熱するとさまざまな原因で熱暴走して発火に至る

● 充電状態と環境温度

（1）の事象について説明します.

図2-11に，充電した電池を加熱した際に，どの箇所に，何が起こって発熱し，発火に至るかを示します.

① 充電された電池を加熱すると燃える
② その要因が複数で存在する

充電した電池の取り扱いには注意が必要なことが読み取れます. ただ, いわゆる「発火事故」は，上記の現象とは異なるもので，それ相当の原因と状況があります.

● 内部短絡の4ケース

(2)の内部短絡による発火事故は，さらに4つのケースに分類できます．

▶ケース1：充電電池と正極バリ

充電された電池が内部短絡した，それも正極から突き出た集電体のバリや折れ曲がった正極の集電体が負極に刺さったり接触した場合，あるいは混入した金属片が正極集電体に到達するほど深く刺さり，かつ負極合剤にもまたがっている場合です．

▶ケース2：劣化電池の充電と環境温度

充電状態の電池で，負極には金属リチウムが析出堆積しており，この電池が比較的高温環境(車のダッシュボード上やストーブの前)に置かれた場合です．

▶ケース3：2者が複合したとき

上のケース1とケース2が重畳した場合です．

▶ケース4：誤使用/濫用時

大電流対応用ではない電池を大電流で充放電した場合，いわゆる誤使用/濫用の場合です

＊　　　　＊　　　　＊

ケース1は，基本的かつ重要なので第5節で具体的に説明します．

実例では，携帯電話で生じた多数の不具合を受けて，角形電池パックを用いて種々の検証が行われています．その試験から導かれた，内部短絡から発火に至るメカニズムを図2-12に紹介します[6]．

● 負極のリチウム析出はとにかく危険

ケース2では，黒鉛層間への収納が円滑に進行しなかった場合に，金属リチウムの形で表面に析出します．

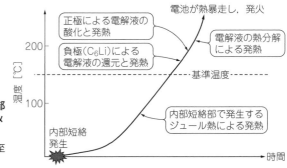

[図2-12][6]　充電状態の電池が内部短絡した場合の熱暴走/発熱へのイメージ図
充電した電池が内部短絡すると発火に至ることが多い

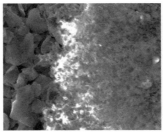

[写真2-2] 黒鉛負極上に析出した金属リチウム
黒鉛負極を低温または大電流で充電すると，金属リチウムが針金状や苔状で析出する

（a）析出したリチウム　　　　（b）拡大

　析出したリチウムは細い針金状や苔状になり，表面積が大きいうえに活性なため，電解液と反応して反応熱を蓄えています．析出の例を**写真2-2**に示します．

　析出形態や析出量にもよりますが，この状態で比較的高温の場に置かれると，自己発熱が続いて熱暴走し，発火に至る確率が高くなります．

　ケース3では，負極にリチウムが析出した劣化電池で内部短絡が起こると，50〜60℃の温度でも熱暴走が起こると報告されています．金属リチウムの析出は電池特性面だけでなく，安全面でも好ましいものではありません．

● 一般市販電池の急速充電は危険

　ケース4では，急速充電や大電流用ではない一般の電池は，正負極のリードなどが専用品とは違って電気抵抗が大きい状態です．ここに大電流が流れると大きなジュール熱（I^2R）が発生します．リードが赤熱することもあります．

　電解液には放電特性を担保するため，引火点の低い低沸点の有機溶媒が混合されており，この蒸気に引火し発火することもありえます．これらの溶媒の引火点は20℃前後です．特に，充電が深くなると，正極が助燃材の酸素を遊離しやすくなるため，危険性はより高くなります．

▶設定値以上の充電電圧は危険

　充電すると正極からLi$^+$が離脱します．この際の正極の熱的な性質を代表的なコバルト酸リチウム（$LiCoO_2$）を例に**図2-13**に紹介します[7]．充電とともに，正極は発熱開始温度が低下し，発熱量も増加して，熱的に不安定化します．

　このほか，近年高容量化が図られている3元系NCMで，Ni比率が高い場合に，充電品の耐熱性の例を**図2-14**に紹介します[8]．Niの比率を上げると，初期の比容量（放電容量）は大きくなりますが，熱安定性は急激に低下します．具体的には，発熱開始温度が低下して発熱量も増加します．

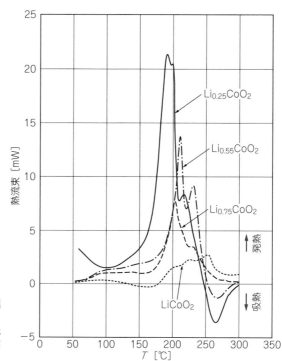

[図2-13](7) 充電したLiCoO₂正極
材の発熱開始温度と発熱量
充電が進むにつれて，発熱開始温度が低
くなり，発熱量も大きくなって，熱安定
性が低下し発火しやすくなる

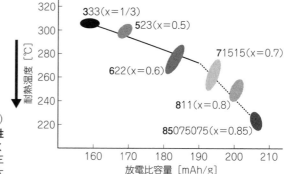

[図2-14](8) NCM：Li(NixCoyMnz)
O₂(x＝1/3 ～ 0.85)の比容量と耐熱性
NCM活物質は，Ni含有率(x)が大きく
なると容量は大きくなるが，充電後の正
極は特定の比率を超えると，耐熱性が大
きく低下する

| 2-5 | どのような事態で燃えるのか…発火要件 |

　安全性については，特に電池の発熱，発煙，発火によるリコールは依然として続

いています．この不安全な状態を解消し，電池を安全に，安心して使ってもらうには，その原因を根本から把握することが不可欠です．

それには，「電池が発火するのは，どのような条件下で起きて，何が燃えているのか」を最初に解明する必要があります．

■ 発火の要件は正極集電体と負極の接触

発火の源となる材料は，充電した電池の部材にあることには疑いがないため，電池を要素部材に分けて，基本的な試験を下記のように行いました．

● 電池を発電要素に分けて試験

試験には，正極がコバルト酸リチウム（LiCoO₂，LCO），負極が黒鉛からなる円筒形電池を用い，満充電後にドライエア雰囲気下で解体して，それぞれの部材に分けしました．試験内容を**表2-4**に示します．

正極合剤，負極合剤とあるのは，各集電体上に塗工してある合剤層そのものを指します．

一方，正極集電体，負極集電体とあるのは，それぞれの正負極層（合剤層）が塗工されている電極で，未塗工部の集電体，いわゆる「裸」の集電体部分を指します．

試験は正極関連の2部材と負極関連の2部材の計4種で行い，電極は電解液が十分に浸透した状態です．結果を以下に簡潔に述べます．

▶正極合剤と負極合剤の接触

正極合極と負極合剤の表面同士を接触させると，合剤の表面が少し変色した程度で発火は起こりませんでした．極細の熱電対を用いて測定した接触部の温度は60℃程度でした．

▶正極合剤と負極集電体の接触

正極合剤と，塗工された負極で未塗工部の集電体部を接触させると，変化はほと

[表2-4] リチウムイオン電池はどのようなときに発火するのか
発火するのは正極集電体が負極合剤と接触したときだけ

+ ／ −	正極合剤	正極集電体
負極合剤	合剤の表面が多少変色しただけで終了	接触点で激しくスパークし，負極と正極の合剤に着火．その後延焼
負極集電体	ほとんど変化なし	スパークが起こるだけで着火しない

んど観察されませんでした.

▶正極集電体と負極集電体の接触

それぞれに塗工された正極と負極で未塗工部の集電体同士を接触させると，火花（スパーク）が発生しましたが，着火は起こりませんでした.

▶正極集電体と負極合剤の接触

正極合剤が塗工された電極で未塗工部の集電体を負極合剤に接触させると，接触点で激しいスパークが起こり，負極合剤と正極合剤とに着火し，電極上を延焼していきました. 発火の要件はここにありました.

満充電した正負極にガス・バーナーの火炎を当てる追加の基礎実験では，正極は当たった箇所は着火したものの自己消火しました. 負極は全体が燃えました.

この試験の結果を整理し，発火要件を**図2-15**に，発火源を**図2-16**にそれぞれ図解します.

● 発火は当然の組み合わせ

これらの試験結果を考察すると，自明の結果でもありました.

正極で燃える材料には，導電材として添加されている少量のカーボンがあるだけで，このカーボン材と浸み込んだ電解液が燃え尽きると自然に消火します. 正極活物質自体はもともと酸化物のため，熱により結晶構造が変化することはあっても燃えることはありません.

負極には，可燃物として，多くの炭素材や充電で形成された(C_6Li_x)，浸み込んだ電解液があります. 負極では，スパークにより低引火点の有機溶媒の蒸気に引火し，次いで活性なリチウム化合物が酸化され，この際に炭素材が燃えたと考えられます.

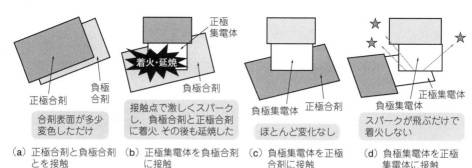

正極合剤　　　負極合剤

合剤表面が多少変色しただけ

（a）正極合剤と負極合剤とを接触

正極集電体

着火・延焼

負極合剤

接触点で激しくスパークし，負極合剤と正極合剤に着火. その後も延焼した

（b）正極集電体を負極合剤に接触

負極集電体　　正極合剤

ほとんど変化なし

（c）負極集電体を正極合剤に接触

正極集電体

負極集電体

スパークが飛ぶだけで着火しない

（d）負極集電体を正極集電体に接触

［図2-15］ 発火要件の特定（満充電した電池部材）
正極集電体が負極合剤に接触すると発火する

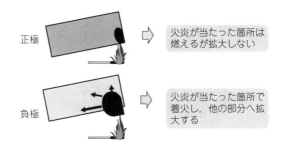

（a）満充電した正負極に火炎を当てる

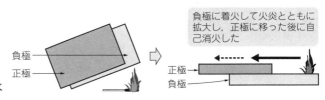

[図2-16] 発火源の特定（火炎での基礎実験）
燃えるものは基本的に負極

（b）重ねた正負極(満充電品)に火炎を当てる

● 発火試験と短絡シミュレーションの結果が一致

この実験結果は，先の第1節で紹介した内部短絡時に短絡部で発生するジュール熱のシミュレーション結果からの推測とよく一致しています(**図2-3**参照).

▶短絡での発熱シミュレーション

2件のシミュレーション報文の概要を紹介します.

最初のシミュレーションでは，正極集電体(アルミ箔)と負極の塗工部(炭素材料)が接触した箇所での発熱が最大で，この場合が最も危険とされています[1].

● 携帯電話用電池での不具合検証とも一致

もう1つは携帯電話用の電池で起こった多数の不具合に対して，シミュレーションを用いて原因究明を行っています.

結果は，先の場合と同様に，正極集電体と負極合剤との短絡および正極端子を兼ねた電池筐体と負極合剤間の短絡時に発生する熱が大きいと報告されています[9].

いずれの検討でも，短絡部の抵抗値が電池抵抗と同じ場合に発熱量が最大となる結果が報告されており，このため類似の結論が導かれています.

これらの計算の元となるモデル図を，前出の**図2-3**と**図2-17**にそれぞれ示します.結果は**図2-3**のパターン⑧，**図2-17**のパターン②と③が安全性に好ましくないと

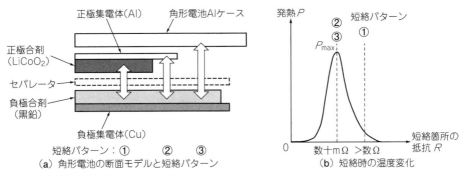

[図2-17][9] 角形リチウムイオン電池の短絡発熱現象
計算では，正極集電体が負極合剤に接触した場合と，Alケースが負極合剤と接触した場合（圧壊時）が，最も発熱量が大きかった

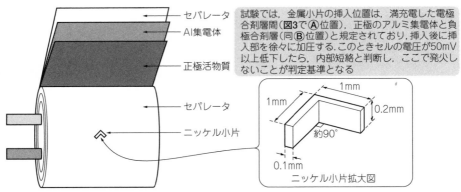

試験では，金属小片の挿入位置は，満充電した電極合剤層間（図3で④位置），正極のアルミ集電体と負極合剤層（同®位置）と規定されており，挿入後に挿入部を徐々に加圧する．このときセルの電圧が50mV以上低下したら，内部短絡と判断し，ここで発火しないことが判定基準となる

[図2-18] 強制内部短絡試験（JIS C 8714）
この試験は電池の安全性評価に相当に有効

報告されています．

● 短絡模擬試験は実用的

　本節の結論は，「正極集電体のバリが，あるいは混入した微小な金属片が正極集電体を通じて，負極合剤に刺さると，発熱が起こって発火に至る」になります．

　上記の試験結果や電池メーカでの試験結果から，内部短絡時の発火を試験評価する規格ができています．このJIS C 8714（図2-18）は，充電した電極の間に金属小片を挿入し，上部から加圧して発火を判定評価する方法です．実際，この方法で検証した電池メーカは，その方法が実用的であると評価しています．

セパレータは正負極を隔離する役目ですが，ポリエチレンやポリプロピレンの20 μm程度の厚さの微多孔性のフィルムが使用されており，金属バリや金属片はこのままでは容易に貫通します．

| 2-6 | メーカでの安全対策…安全化部品/機構 |

電池の不安全な事象のなかで，破裂と発熱/発火の原因とそのメカニズムを説明してきました．安全性の確保には相当な努力を傾注していますが，残念ながらいまだに根絶できていません．

本節では，これらの不具合に対して，「現在どのような対策が採られているか」の具体策とその機構を解説します．

■ 破裂，発熱/発火の原因を整理

表2-5に，破裂や発熱/発火は，何が原因で起こるかとそれに対応した安全化策を示します．

● 要因で分類した安全化対応

破裂は，電池内部で発生したガスによる内圧上昇が主な原因のため，過充電による電池電圧の上昇がその契機になります．

[表2-5] 安全性に関する不具合と原因，安全化策

要因	取り込み済みの安全化策	安全対策がない場合の電池の不具合	
		破裂	発熱/発火
1. 過充電	1. 充電器による制御（2段階）	✓	✓
	2. CID（電流遮断）機構（発生ガス対応）	✓	
	3. 封口板/筐体に防爆弁設置（発生ガス逃避）	✓	
	4. 添加剤（ガス発生，電池反応停止，高電圧）	✓	✓
	5. 添加剤（シャトル剤）	(✓)	(✓)
	6. 温度フューズ（パック）		✓
2. 過大電流	1. PTC（Positive Temperature Coefficient）素子		✓
3. 内部短絡（異物混入，バリなど）	1. 電極へのセラミック・コート		✓
	2. セパレータへのセラミック/耐熱性樹脂コート		✓
4. 高温環境	1. シャットダウン（SD）セパレータ（PE，PP）		✓

[表2-6] 電池形状ごとの安全対策の取り組み

不安全要因	部 品	機 能	電池形状と設置場所		
			円筒形	角形	パウチ形
大電流	PTC (Positive Temperature Coefficient)素子	電流の一時遮断 (復帰式)	○ (封口板内)	○ (パック内)	
発熱	シャットダウン型セパレータ(主にPE)	電流の永久時遮断 (電池反応阻止)	○	○	○
	温度ヒューズ	充(放)電電流の遮断	○ (パック内)	○ (パック内)	○ (パック内)
ガス発生 (主に過充電)	電流遮断部品 (CID : Current Interruption Device)	電池反応, 主に充電の停止 (電流遮断:剥離型, 破断型)	○	(＊)	
	防爆弁付き封口板	封口板内に円形状の薄肉溝が付いたAl弁体があり, 溝部で破断してガスを安全に逃がす	○		
	開口度を大きくした上部絶縁板	電池内部で発生したガスを安全に上部空間へ逃がす機能を果たす	○		
	薄肉部付き防爆封口板	電池内部で発生したガスを薄肉部が破断して逃がし, 破裂を防止する		○	
	ハウジング	内部で発生したガスを溶着部が開口することで安全に逃がす			○
内部短絡	負極板上に塗布したセラミック層	セパレータの溶融拡大抑制	○	○	
	セパレータ上に塗布したセラミック層	セパレータの溶融拡大抑制	○	○	

• 発火に至る因子は電池内での蓄熱性⇔積層型の電極群を収納したパウチの特長の1つが放熱性
＊：一部のEV用電池では端子内に組み込んでいるものがある

　他方, 発熱や発煙, 発火の原因は, 過充電だけでなく, 過大電流が流れた場合や内部短絡の発生, 高温環境下での放置などがトリガになります. これらの不具合に対する安全確保には, さまざまな取り組みが常に行われています.

● 電池形状別にみた安全化対応
　表2-6に, 電池の形状における安全対策を示します.
　それぞれの視点から2つの表を比べると理解と把握が容易になります. なかには, 見慣れない用語や機構があると考えますので, 少し説明を加えます.

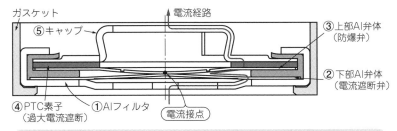

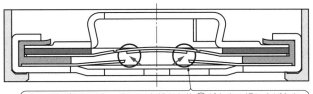

[図2-19] ガス発生安全機構…封口板内のCID作動(破断方式)
互いに溶接し, 封口内に設置された2枚のAl製部品が, 発生したガス圧により反転して破断し, これにより電気導通を遮断する

▶過充電対応

　最初の過充電への対策で, 安全化策1の充電器での制御は, 例えば従来の携帯電話では設定された充電終止電圧で充電が終了しなかった場合に備え, その電圧の50 ～ 200 mV上部に2段階にわたって充電停止電圧が設けられています.

▶CID機構と防爆安全弁

　CID(Current Interruption Device：電流遮断素子)と防爆弁の作動機構を説明します.

　CIDには第3節で示した接点剥離型と本節で説明する破断型の2種類があり, いずれも電流を遮断します.

　図2-19に, この機構を内蔵した円筒形電池の封口板の構成図とCIDの動作を示します.

　電極群から正極リードを通って来た電流は, 次の順序で流れます.

① Alフィルタ

② 下部Al弁体(CID機構)

②と③は1カ所で溶接されており，両弁体には円形の溝が加工されていて，溝部は薄肉になっています．キャップ⑤にはガス抜き孔が設けてあります．

電池内部に多量のガスが発生すると，ガス圧により，一体となった上部弁体③と下部弁体②は上方へ押し上げられます．この際に，下部弁体の薄肉部が破断され，電流は遮断されます．これが破断型のCID機構です．

▶シャトル機構

シャトル剤については，第8節で説明します．これは電解液に加えた添加剤が，正負極の間を往復して移動し，正極と負極で酸化と還元を繰り返して充電電流を消費し，電池電圧が上昇するのを防ぐ機構です．

▶PTC素子

表2-5の「過大電流」の項にあるPTC（Positive Temperature Coefficient）素子は，円筒形電池では，封口板内に穴開き円板状の部品の形で使われています．角形電池では，矩形状のチップがAlケースの外部に貼り付けられています．

PTC素子は，可塑性の絶縁樹脂の中に導電性粒子が混合された部品で，室温付近では導電性粒子がつながって導電路を形成していますが，温度が上がると樹脂部が膨張して緩むため，5秒程度で導電路が切れて電流が流れなくなります．温度が下がると再び機能が回復します．

この電流遮断機能が作動することを「トリップ（trip）する」と呼び，作動温度をトリップ温度と呼びます．その概略を図2-20に示します．

▶セラミック・コート

表2-5の「内部短絡」の項にあるセラミック・コート（被覆）については，第7節で説明します．

▶セパレータのSDとMD機能

表2-5で最後の「高温環境」に記したセパレータの機能について説明します．

セパレータの，その機能をシャットダウン（SD, shut-down：遮断）と呼びます．シャットダウンとはセパレータの一部が溶融して，Li^+の通過する孔が閉塞することを指します．

シャットダウンすると，それ以降の電池反応は進行できなくなって停止します．この機能は40年ほど前に，リチウム1次電池の開発時に偶然発見されました．

当時，円筒形電池を組み立てた際に，突然発熱したことがあり，電池を鉄製の安

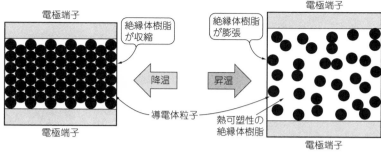

(a) 通常の使用環境では絶縁体樹脂中で
導電体粒子が導電網を形成しており，
10数mΩ程度の低い抵抗体

(b) 一定温度を超えると基材の絶縁体樹脂
が膨張して，導電網が切断され，当初
の10^4〜10^6倍の高抵抗体となる

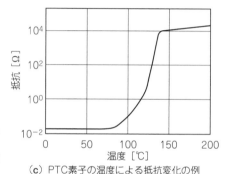

[図2-20] PTCによる安全
機構とその作動
PTCが作動すると抵抗が1万倍
に大きくなる

(c) PTC素子の温度による抵抗変化の例

全箱内に隔離しました．しかし，発火しなかったので，後に解体するとセパレータ
がフィルム状に溶融しており，これが熱暴走を阻止したことがわかりました．それ
以来，この機能を安全機構に組み入れてきました．

　シャットダウン温度はセパレータの材質により異なります．当初の材質はポリプ
ロピレンで170℃付近で機能します．**写真2-3**に，ポリプロピレン微多孔膜がシャ
ットダウンしてフィルム化する例を示します[10]．

　その後，より早期に安全を確保するために，シャットダウン温度がさらに低いポ
リエチレンの微多孔膜を現在は多く使用しています．シャットダウン温度は約130
℃です．

　シャットダウン温度だけでなく，より高温になっても正負極を確実に隔離できる，
形状自立性の限界を指す熱破膜温度［メルトダウン（MD，meltdown）］でも管理し
ており，セパレータ面でも安全性を追求しています．

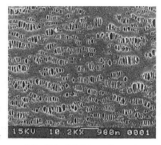

[写真2-3] [(10)] セパレータ
のシャットダウン
シャットダウンすると多孔質が
無孔状のフイルムへ変質する

（a）微多孔性PPセパレータ　　　（b）シャットダウン後の状態

2-7	安全対策…その1：セラミック・コート

　電池の発熱／発火の主原因である内部短絡に対しては，有効な手段が開発され，民生用／車載用を問わず，現在多くのリチウムイオン電池で採用されています.

■ 簡単で実効性の高いセラミック・コート

● 電極表面に塗布
　その手段は，絶縁体のセラミック微粉末を用いた被覆法で，セラミック・コートと一般に呼ばれています.

　この方法には，現在2つの方法が採られており，1つは電極，特に負極の表面に，アルミナ（Al_2O_3）やベーマイト（$AlOOH$）などのセラミック微粉末をバインダなどとともに，数μmの厚さで塗工するものです.

　ほかの1つはセパレータの片面または両面に，同様にセラミック微粉末などの耐熱層を数μmの厚さで塗工します. 電池を解体すると，分析に掛けるまでもなく，電極上に目視で確認できる白い部分がこの被覆層です.

▶原点はセパレータ・フリー化
　当初，セラミック・コートは，セパレータが電池部材のなかでコストが高いため，セパレータ・フリーの技術として1990年代前半に開発されたことに始まります. 電極上にセラミック層を設けることで，価格の高いセパレータをなくす（free）発想です.

　電池における部材のコストは，大きいほうから正極材，セパレータ，電解液，負極材（黒鉛）の順になっています. 一方，Al系のセラミック微粉末は安価です.

　実例を**写真2-4**に示します.

● 内部短絡に実に有効

　被覆効果を**図2-21**に示します．試験は日本工業規格（JIS）をベースに，内部短絡を模擬した下記の3種類のモードで行っています．

　試験は，満充電した円筒形18650サイズ（直径18 mm，高さ65 mm）の電池（容量2600 mAh，正極：LiCoO₂，負極：黒鉛）を用いて行いました．この電池はリチウムイオン電池の代表格です．

（1）金属小片を挟み込み上から加圧（JIS C 8714）
（2）釘刺し
（3）圧壊（JIS C 8712）：丸棒による圧壊

　図2-21に示したように，第1段階での試験結果は，負極上にセラミック層を設けると，いずれの試験でも発火は起こりませんでした．一方，セラミック層がない電池ではほとんどが発火しました．

● 高容量電池はセパレータ上にもコート

　電池容量が1割程度大きくなった，高Ni系正極材を用いた高容量電池（2900 mAh）では，負極にセラミック被覆を施した電池でも，（2）の釘刺しと，（3）の丸棒圧壊の

（a）負極の表面写真：白く見える
　　部分がセラミック塗布層

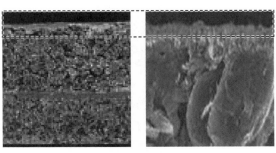

（b）負極の断面写真：枠内の小粒子の部分がセラミック塗布層

［写真2-4］　負極表面へのセラミック・コートの例（円筒形18650）
負極上に白く見える部分がセラミック層．
（b），（c）の右側は左側を拡大したもの

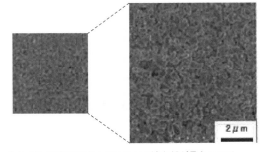

2μm

（c）負極の表面写真：セラミック塗布部が見えている

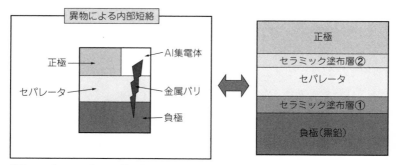

安全性試験法：
（電池は満充電品）

金属小片を挟み込み，上から加圧　電池　　釘刺し　　丸棒圧壊

18650サイズ	セラミック層の有無		異物内短	釘刺し	丸棒圧壊
電池容量	負極上	セパレータ上	異物内短	釘刺し	丸棒圧壊
2600mAh	有	無	発火なし	発火なし	発火なし
⬇	有	無	発火なし	発火	発火
2900mAh	有	有	発火なし	発火なし	発火なし

[図2-21] セラミック層の内部短絡安全性への効果
セラミック・コートを行うと高容量になっても安全性試験で発火しない

異物による内部短絡

正極　AI集電体
セパレータ　金属バリ
負極

正極
セラミック塗布層②
セパレータ
セラミック塗布層①
負極（黒鉛）

[図2-22] セラミック層の配置による内部短絡安全化
耐熱セラミック層があると，セパレータの溶融が拡大せずに停止する

試験では発火するものが出てきました．

そこで，機構を2重にし，負極だけでなく，セパレータにもセラミック微粉末などを被覆して同様の検討を行いました．その結果は，**図2-21**に示したように，いずれの試験でも発火は起こりませんでした．

このように比較的簡易な方法で非常に大きな成果が得られるうえに，今後展開される産業用など中〜大形電池の安全性にも有用なことから，この手段が広く採用されるようになりました．一方で，効果が大きいことから国際的な知財訴訟も複数起こっています．

■ セラミック層の絶縁性と断熱機能が有効

セラミック・コートすると，なぜ発火しないかを説明します．**図2-22**に示すように，発火は一般に正極集電体が負極合剤に接触した状況で起こります．

(a) 従来型セパレータ　(b) セラミック・コー
ト・セパレータ

[写真2-5]⁽¹¹⁾　セラミック・コー
ト・セパレータの耐熱性
加熱したはんだごてを当てると，従来型
セパレータは溶融して直径6mm程度ま
で溶融部が拡大したが，セラミック・コ
ート品は溶融部が拡大しない

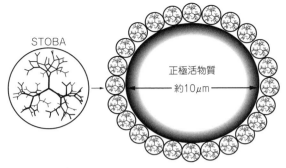

[図2-23]⁽¹²⁾　正極活物質に熱重合性モノマを被覆して熱
暴走を抑制
数十nmサイズの，樹枝状の機能性材料で，末端に熱架橋をする
基を有し，短絡時の発熱で重合して，正極の表面を被覆して電
池反応を抑制/阻止する

　セラミック層を設けた電池を用いて，内部短絡を模擬した試験を行い，その後に
解体するとセパレータは局所だけが溶融し，拡大しないことに起因しているようで
す．具体例として，セラミック・コートの有無になるセパレータに，加熱したはん
だごてを当てた比較実験の結果を**写真2-5**に紹介します⁽¹¹⁾．やはり，溶融部が拡
大しないことが報告されています．

　詳細な抑制メカニズムはまだわかっていませんが，セラミック・コート層内の空
隙の断熱機能がこの効果を生み出していると考えられます．

● セラミック層は抵抗増加も抑制

　電極上へのセラミック・コートは，負極上でも正極上でも，安全面での機能には
差がないようです．ただ，負極に塗工すると以下の実用的な効果があります．

(1) 黒鉛を用いた負極は柔軟性に富み，塗工した電極を捲回してもコート層にひび
　　割れが入らない．一方で，正極は元来堅いので，塗工品にはひび割れが入ること
　　が多く，品質管理面で難しく，好ましくない．

(2) セラミック粉末は，充放電で負極上に形成されるSEI（固体電解質界面層）を保
　　護する．

　電解液中の$LiPF_6$（6フッ化リン酸リチウム）は混入した水分と反応して，フッ化
水素（HF）を生成します．フッ化水素は負極上のSEIを破壊し，その修復にLi^+を
消費し，電池抵抗も増加させるので，フッ化水素は好ましくない副生成物です．セ
ラミック粉末には，そのフッ化水素を吸着して無害化する機能を有しています．

● 新しい機能性材料も開発中

このほか，正極活物質に熱重合性のモノマを被覆して熱暴走を抑制する方法の開発が進んでいます[(12)].

図2-23に示すように，内部短絡などで電池の温度が上昇すると，所定の温度でモノマ（STOBA：Self Terminated Oligomers with Hyper Branched Architecture）が重合し高分子となって正極の表面を覆い，電池反応の進行を抑制して熱暴走を阻止すると紹介されています．添加剤での新しい考えかたであり，進捗が期待されます．

2-8	安全対策…その2：添加剤

■ 多数の添加剤を投入した最新電池

複数の大手電池メーカが生産した最新の民生用電池をみると，5種類を越える添加剤が電解液に加えられています．

使用されている添加剤は，電池の特性向上と信頼性，安全性を担保する役割を担っています．ただ，1つの添加剤で多重に機能するものもあり，理解に混乱を招く部分があるので，本節の安全性に関する部分を整理して表2-7に示します．

● フェイルセーフ機能で，分析不可能も

機械的，電気的な部品や素子で安全性を確保する手段は第6節で説明しました．本節で解説する添加剤は，上記の安全部品に加え，多重的に安全を担保するフェイルセーフ（fail-safe）機能を担う物質です．

しかし，その添加量は，各材料とも電解液の1～2％程度と微量です．そのうえ，電池を解体した時点ですでに部分的に機能して分解していたり，構成成分が電池材料と同じものであるために，分析しても同定できない，巧妙な物質へと移行しています．

● 電池破裂を防ぐ添加剤

電池の過充電時の安全性を確保する添加剤について説明します．

過充電で起こる大きなリスクは，電解液の分解から発生する多量のガスによる電池の破裂です．過充電は充電器の不具合などによっても起こります．

ガスが発生しても，初期段階でCID機構や安全弁機構が正しく作動すれば，破裂の懸念はまずありません．しかし，何らかの原因で正常に機能しなかった場合には破裂のリスクが生じます．添加剤はこれらのリスクを低減させる2段目の安全化

[表2-7] 安全性を確保する添加剤とその機構

用 途	対象	具体的な機構／効果	物質例(略称)
1 過充電用	正極	添加剤が充電終了電圧を超えた電圧で分解し、①水素(H_2)ガスを発生してCIDを動作させる一方、②正極表面で重合して表面を被覆し、またはセパレータを目詰めして、その後の電池反応(過充電)の進行を抑制・阻止し安全化を確保する	CHB(シクロヘキシルベンゼン) BP(ビフェニル) DFE(ジフェニルエーテル) TP(ターフェニル)など
2 過充電用	正極, 負極	レドックス・シャトル(Redox Shuttle)と呼ばれる有機化合物やLi塩。電解液中にあるこれらの添加剤は、所定の電位に達すると正極で酸化(Oxidized)され、次に電解液中を拡散して負極に到達すると、そこでは還元(Reduced)される。この後、再び正極に移動すると酸化される。このプロセスを永続的に繰り返し、充電電流を消費して電池電圧の上昇、つまり過充電になるのを抑制する	アニソール系化合物 $Li_2B_{12}F_{12}$(Li塩、ジリチウムデカフルオロドデカボレート)
3 過充電などによる対着火用消火剤	電解液	リン(P)、チッ素(N)、フッ素(F)を主体とする環状の化合物で、本質的に難燃性を有しており、この化合物を電解液に適量添加しておくと、過充電などにより電解液が着火しても自己消火する	ホスファゼン系化合物
4 高電圧充電用／過充電用(および耐熱性)	正極	正極活物質の高活性となった金属成分にCN基が強く配向して、これを失活させる。一方で、短鎖のCH_2基部分が屈曲回転して、その立体効果で溶媒の接近を阻止して、高電圧までの充電を可能にする。発熱開始温度、総発熱量などの耐熱性も向上する	SN(スクシノニトリル)、GN(グルタロニトリル)、AG(アジポニトリル)などCH_2基の数が比較的が小さく、CN基の数が1～3個のニトリル

策の役割を果たします.

このタイプの添加剤には、CHBやBPなどがあります. 略号の正式名称は**表2-7**を、化学構造は**図2-24**をそれぞれ参照してください.

これらの添加剤は、所定の電位に達すると自ら分解し重合して正極の表面を被覆する一方、透過するセパレータの孔を目詰めして、それ以降の過充電の進行を抑制または阻止します.

そのほか、分解重合する際に、水素ガス(H_2)を発生させ、CIDや防爆弁を作動させる機能も併せもっています. したがって、すでに述べた開口度の大きい上部絶縁板などとも組み合わせて、破裂に対して複合的に安全性を担保します.

(a) シクロヘキシルベンゼン
（CHB）
Cyclohexyl benzen

(b) ジフェニルエーテル
（DPE）
Diphenyl ether

[図2-24]　安全性用添加剤
代表的な添加剤の化学構造

(c) ビフェニル（BP）
Biphenyl

(d) ターフェニル（TP）
P-Terphenyl

● 究極の過充電対応策

　この添加剤は充電時の電流を優先的に奪取して消費し，電圧が上昇するのを防ぐ機能をもつ化合物です．

　この機構はレドックス・シャトル（Redox Shuttle）と呼ばれ，究極の過充電安全策とも言われています．Redoxとは，還元と酸化の英語の頭部分で，Shuttleとは定期往復便を意味します．その洗練されたメカニズムを以下に紹介します．

　電解液中で，添加剤は充電過程で所定の電位に達すると，正極で酸化（oxidized）され，次にこの酸化体は電解液中を拡散して負極に到達し，還元（reduced）されます．

　続いて，正極へ移動すると再び酸化されます．この酸化還元プロセスを永続的に繰り返して充電電流を消費し，電池の電圧の上昇，つまり過充電になるのを防ぐ機構です．

　この反応を下に化学式で書くと次のようになります．

- 正極上：$S \rightarrow S^{\cdot+} + e^-$
- 負極上：$S^{\cdot+} + e^- \rightarrow S$

Sは添加剤分子です．

　具体的な添加剤としては，**図2-25**に示したアニソール系の物質が開発され，一部のノートPCで市場試験が行われました．米国でも研究開発が進んでいます．

　このほか，**図2-26**に示すリチウム塩（$Li_2B_{12}F_{12}$，ジリチウムドデカフルオロドデカボレート）が近年開発されており，4.6 Vで作動する有望なシャトル剤です．

　ジ（di）とは2個を意味します．ジリチウムとはLi_2，次のドデカ（dodeca）とは12個を意味し，フルオロ（fluoro）とはフッ素（F）のことですので，F_{12}です．最後のボレート（borate）とはホウ素（B）の塩を意味します．ここからB_{12}が出てきます．まとめると，$Li_2B_{12}F_{12}$となります．

　電流は物質移動の量なので，この種の化合物には移動が円滑で，作動電圧も適当

正極上で：	$S \rightarrow S^{\cdot +} + e^{-}$
負極上で：	$S^{\cdot +} + e^{-} \rightarrow S$

S：有機分子　S$^{\cdot +}$：ラジカルカチオン

（a）レドックス・シャトルの反応機構

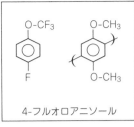

4-フルオロアニソール

（b）具体例

[図2-25]　レドックス・シャトル
究極の安全性機構といわれるレドックス・シャトルの材料例と反応機構

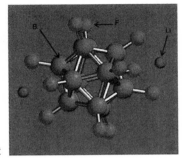

[図2-26]　レドックス・シャトルLi$_2$B$_{12}$F$_{12}$の構造

である性質が求められ，科学計算による分子設計とその合成が期待されます．

● 自己消火性添加剤

　ホスファゼン系化合物は，もともと遮光カーテンなどに難燃材として添加されたものです．リン（P），窒素（N）とフッ素（F）を主体としています．

　この添加剤を適量加えると電解液は難燃性になり，仮に過充電などで着火しても，炎上はせずに自己消火に至ります．この添加剤を採用した電池は，すでに通信基地局でのバックアップ・システムに用いられています[13]．

● 高電圧や過充電に対応する添加剤

　リチウムイオン電池は，長い間4.2 Vが標準的な充電電圧でした．

　しかし，モバイル機器の長時間作動化の要望に対して，電池の高容量化が進められ最近では充電電圧が4.4 Vにまで上がっています．かたや，充電器の不具合による過充電で，充電電圧が上昇することも考えられます．

　これらの高電圧に対応できるのが，ニトリル系の化合物です．高電圧だけでなく，多機能の優れた材料です．その機構は第3節を参照ください．

（a）炭酸ビニレン（VC）
Vinylene carbonate

（b）ビニル炭酸エチレン（VEC）
Vinyl ethylene carbonate

（c）フッ素化炭酸エチレン（FEC）
Fluoro ethylene carbonate

（d）リチウムイミド塩
（LiTFSI）
Lithium bis-
trifluoromethane-
sufon imide

（e）エチレンサルファイト（ES）
Ethylene Sulfite

（f）プロパンサルトン（PS）
Propane sultone

[図2-27] 添加剤のいろいろ
さまざまな機能を有する添加剤とその
化学構造

（g）シクロヘキシルベンゼン
（CHB）
Cyclohexyl benzen

（h）ジフェニルエーテル
（DPE）
Diphenyl ether

　図2-27に，これまで採用されてきた添加剤の例を示します．このような多数の
化合物が最新の電池には微量添加されています．

◆参考・引用＊文献◆

(1)＊ 世界 孝二；安全性向上法，電池ハンドブック，pp.596〜600，オーム社，2010年．
(2) 大峰 一雄，ほか；Matsushita Technical Journal，52，4，pp.31〜35，2006年．
(3) 奥下 正隆；図解 革新型蓄電池の全て，pp.170-182,工業調査会，2010年．
(4) 星野 謙一，ほか；National Technical Report，40，p.455，1994年．
(5)＊ Y.-S. Kim et al.；ACS Appl. Mater. Interfaces 2014，6，8913-8920.
(6)＊ 竹野 和彦，ほか；NTT DoCoMoテクニカル・ジャーナル，Vol.17，No.3，pp.62〜65，2009年．山木 準一；未来技術，Vol.4，No.7，pp.18〜24，2010年．
(7)＊ 小槻 勉；高密度リチウム2次電池，pp.73〜74，テクノシステム，1998年．
(8)＊ H.-J. Noh et al.；Journal of Power Sources，233(2013)121〜130.
(9)＊ 竹野 和彦，ほか；NTT DoCoMoテクニカル・ジャーナル，Vol.17，No.3，pp.62〜65，2009年．市村 雅弘；NTT ファシリティーズ総研，pp.1〜5，2007年．
(10)＊ 川内 晶介，ほか監修；新しい電池のはなし，p.153，工業調査会，1993年．長塚 昌次郎，ほか；National Technical Report，37，1，pp.24〜30，1991年．
(11)＊ 渡邊 庄一郎；電気化学会 関西支部総会講演資料，2010年．
(12)＊ 林 貴臣，ほか；第55回 電池討論会 3B04，2014年．
(13) NTT技術ジャーナル，2011，8，pp.48-51，T. Tsujikawa et al；J. Power Sources，189(2009)429-434.

第3章

高出力と高エネルギ密度の両立を目指して

リチウムイオン電池の急速充電/大電流用途

3-1	急速充電の前提条件…何が必要か

　充電とは，電池容量[Ah]を回復させる操作のことです．「急速充電」とは，短時間[h]で充電を完了させる，つまり大電流[A]で充電することが次元からわかります．

■ 急速充電には特別な電池設計が必要

　ニッケル-水素電池で，電動工具などに採用されている急速充電タイプは，通常の電池とは違って，電池活物質をはじめ，電極構成と構造，電池構造，充電検知などに特別の工夫が施されています．

　他方，そのぶん電池容量は小さくなり，作業する際には「取り換え電池パック」を用意して対応しています．

● ボトルネックは有機電解液でのイオン伝導

　急速充電を可能にする電池設計の基本的な考えかたは，リチウムイオン電池でも同じです．

　リチウム電池系は，本質的には大電流が取れるタイプではありません．というのも，電気を導く電解液のイオン伝導度がニッケル-水素電池の場合よりも，2桁ほど小さく，加えて電流を運ぶLi^+の輪率が0.5未満と小さいからです．

　つまり，他の部分は同様の電池設計を行っても，この電解液の部分で電流が規制（律速）されます．そこで急速充放電や大電流での放電を可能にするには，律速部分の特性を何らかの方法で補う必要があります．

　この有機電解液のイオン伝導度の位置付けを，他の電解液とともに**図3-1**に示します．参考までに，現在話題の全固体電池も加えました．冬場など低温環境で特に重要となる，電解液のイオン伝導度の温度特性を**図3-2**に示します[1]．低温下

では不利になることがわかります.

● 電流の課題への取り組み

　リチウムイオン電池が登場する前の1970〜80年代には，同じく有機電解液を用

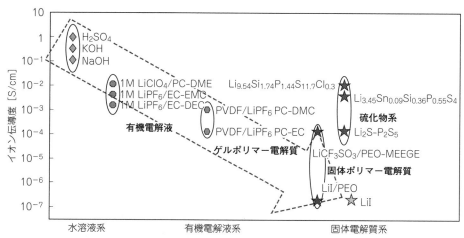

[図3-1]　各種電解液/電解質のイオン伝導度
リチウムイオン電池の有機電解液は水溶液系よりも2桁ほどイオン伝導性が低い

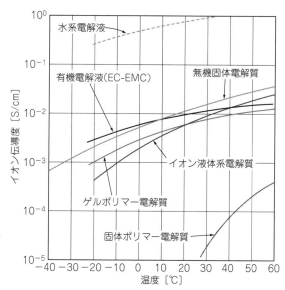

[図3-2][(1)]　**各種電解液/電解質のイオン伝導度の温度特性**
いずれの電解液/電解質も低温になるとイオン伝導性が低下する

いたリチウム1次電池がコンパクト・カメラや腕時計に多く採用されました.

電池性能の向上への要望はどの時代にも強く, 律速の電解液の特性改善や代替策が試行されました. その長年の努力の結果, いくつかの解決策が取り入れられています.

以下に代表例を示します.

▶薄形セパレータ

正負極間の間隔を狭め, イオンの移動距離と時間を短縮することで電圧損を改善しました. つまり, セパレータを限界まで薄くしました. 現在のセパレータ厚みは $15 \mu \sim 20 \mu m$ 程度で, 当時の約1/10です.

▶電解液の工夫…粘度を下げる

電解液を低粘度, つまりサラサラにすると, リチウムイオンの移動が容易な環境となり電流が流れやすくなります.

リチウムイオン電池の負極は, 民生用には黒鉛材を使用しています. この場合, 表面に良好なSEIを形成させるために電解液にエチレンカーボネート(EC)を一定量使う必要があります. エチレンカーボネートは, Li塩をよく溶解しますが, 粘度が高いため, そのままではリチウムイオンが移動しにくいので, 粘度を下げて動きやすくする, すなわち電流が取れる方向にもっていく必要があります.

結局, 互換性をもつ, 粘度の低いDMC(ジメチルカーボネート)やDEC(ジエチルカーボネート)などの新規な溶媒を混合し, イオン伝導度の高い組成にして用いています.

しかし, イオン伝導度自体は, その当時から特別には向上していません. そのためか, 電解液専業メーカが推奨する電解液濃度と組成に近い電解液が, モバイル機器にも大電流が必要なHEVにも採用されてきました.

▶電極の工夫…広幅, 薄形, 長尺化

リチウムイオンの移動を速くできないのであれば, 取れる対策のすべてを集め, 結果として電流が取れるようにするという, 逆方向からの解決策です.

基礎データから見ると, リチウムイオン電池の活物質は大電流が取れるタイプの材料ではないようです.

そこで, 電極の単位面積当たりから取り出す電流値を下げる一方, 総反応面積を大きくして全部の電流を集合し, かつ薄くすることでリチウムイオンの到達を早める考えかたをとりました.

つまり, 電極を幅広で, 薄く, かつ長くしました. この結果, 電極抵抗を低減できました. 図3-3にモデル図を示します.

▶活物質の工夫…小粒子，多孔質の採用

　充放電と電池反応は等価ですから，電池反応を速く完了させることが，大きな電流を取り出すための方法の1つです．

　一方，電流は物質移動なので，反応の早期終了にはリチウムイオンが活物質の所定の席へ短時間で到達する必要があります．

　これらの原則に従うと，活物質は粒径が小さいことが有利です．小粒径になると反応場の面積も増えるため，電流を取り出すのにも有利です．しかし粒径が小さいと，

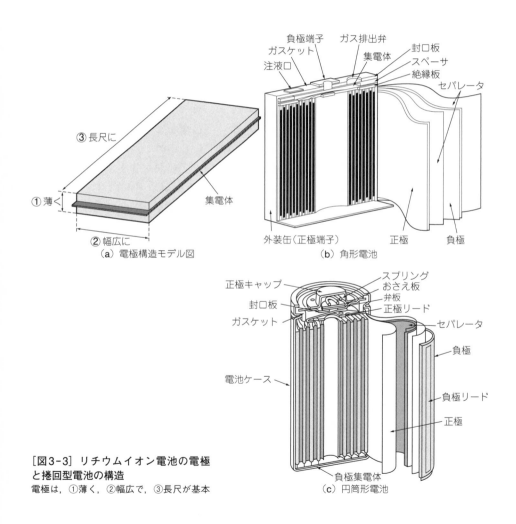

（a）電極構造モデル図

（b）角形電池

（c）円筒形電池

[図3-3] リチウムイオン電池の電極
と捲回型電池の構造
電極は，①薄く，②幅広で，③長尺が基本

（1）釘刺し試験で発火しやすくなる

（2）電極への充填量が小さくなる

などの課題も出てくるので，現実は正負極とも適当な粒度で使用しています．

● 最新の活物質の形態

なかでも黒鉛は潰れやすく，密に充填されると電池反応ができなくなるため，内部に空隙をもたせています．**写真3-1**に代表的な正極と負極の活物質を示します．

正極材は焼成法で通常は合成するので，内部は中実ですが，これを中空にすると反応面積が増え，かつ拡散距離も短くなるため，リチウムイオンの拡散が速くなります．大電流化へ対応した材料（NCM）の例を**図3-4**に示します[2]．

リチウムイオン電池を急速充電仕様にするに当たり，その基本的な考えかたと対応策を述べました．それでは「どのようにすれば急速充放電ができるのか」は，次節で3つの領域での支配因子を説明しながら方法を述べます．

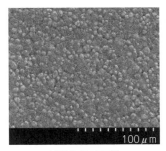
NCM電極表面像

NCM粒子断面像

（a）正極活物質（NCM333）

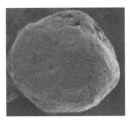
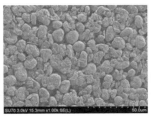
表面像

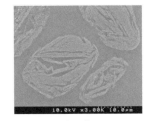
断面像

（b）負極活物質（球形化した黒鉛）

［写真3-1］代表的な正 / 負極活物質の例
正 / 負極活物質とも形状が球形なのは，密に充填できて，容量が大きくなるため

 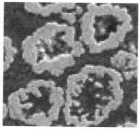

（a）中空状NCM像

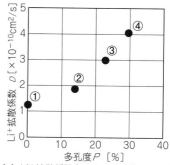

（b）Li⁺拡散係数（D）と多孔度（P）の関係

[図3-4]⁽²⁾　正極活物質の形態による大電流化への改善例

活物質を中空状［(a)と(b)の②〜④］にすると，中実品［(b)の①］に比べて，肉薄で反応面積も大きくなるため，粒子内のLiの拡散が早く完了し，電流が取れやすくなる．隙間の多い写真1の(b)も同じ

3-2　　大電流で充電する工夫

　繰り返しますが，急速充電とは，大電流[A]を用いて短時間[h]に容量[Ah]を回復させる操作です．これを実現するには，障害となる要因を取り除くことが出発点です．電池は電気部品としての性格を備えているので，考えかたの基本はオーム則です．

■ 急速充電も基本はオーム則

　充電と放電は電流の流れる方向が逆なだけで，放電特性が改善されることは充電特性が改善されることとほぼ同じです．

　電池は使用されて，つまり放電時にその役割を果たすので，放電特性面で説明します．放電カーブを線対称的に上方に反転させたものが充電カーブの形ですから，ほとんど同じです．

● 電池を拘束する3つの抵抗

　電池を放電すると時間の経過とともに，3つの抵抗が連続して現れ，それぞれの加算分が電圧降下（過電圧）になり，増え続けて放電終止電圧に達します．

　3つの抵抗とその発生源を次に示します（図3-5）．

（1）電子抵抗による電圧降下：抵抗過電圧 η_e
（2）活性化抵抗による電圧降下：活性化過電圧 η_a
（3）拡散抵抗による電圧降下：濃度過電圧 η_c

これら3つの抵抗について説明します.

▶抵抗過電圧 η_e

抵抗過電圧はオーム則($V = IR$)による電圧損です. ここの抵抗Rは電池内の発電要素の電子抵抗を積算したものです.

ほぼ固定の抵抗であり, 放電開始直後の瞬時の開路電圧(OCV)からの電圧降下であり, 一般的な計測器で測定するのであれば1 ms, オシロスコープであれば1 μs後の電圧降下から, おおよその値が算出できます.

▶活性化過電圧 η_a

充放電で電極と電荷のやりとりの際に発生する反応抵抗です. 反応過電圧とも呼ばれます.

この現象は抵抗過電圧に続いて現れます. どの時点で測定するのが適当かは, 電流値と電池の状態に依存するので一概には言えません.

リチウムイオン電池(LCO, 黒鉛)を電流0.5Cで充電中に0.4Cの矩形波のダブル・パルスを加え, インピーダンス(0.1 ～ 100 Hz)を測定した報文があります. そこで

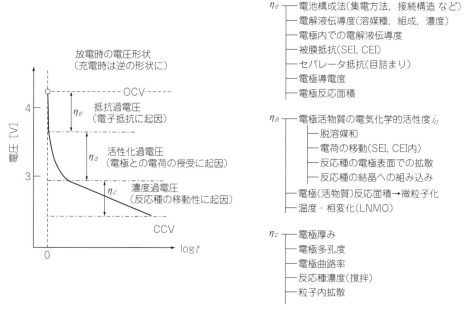

[図3-5] 3つの電池抵抗とその発生源
大電流化を図るには, これら3つの抵抗を小さくすることが必要. 特に, 電子抵抗の低減が最も直接的で効果的

は周波数からほぼ1秒後にこの反応が終了していると考えられるので，1秒後の電圧降下値から，先のIR降下ぶんを差し引いた値が，この条件下での過電圧になります．ただし，試験した電池での特定的な値です．

　また，充放電を続けると，正負極の表面には副反応生成物が堆積して反応場が変化することが多いので，この値は増加すると考えられ，常に1秒とは限りません．電池の劣化状況に合わせて条件を決める必要がありますが，電極設計や改良への指標になります．

▶濃度過電圧 η_c

　電極表面で電池反応が起こる前後の反応種の移動性（接近，離脱）を反映したものです．この値も活性化過電圧と同様に放電時間につれて増大します．

　大型の据え置き電池などでは電解液を攪拌する，または電解液中へときおりガスをバブリングさせて，電解液濃度の均質化を図って，この低減化を行う方式もあります．通常の電池ではできないので，電極厚さを薄くしたり，電極の多孔度を上げて対応します．

● 3つの過電圧を低減化する

　これらの過電圧を低減化する方法について説明します（**表3-1**）．

（1）電子抵抗への対応策

　電極のリードを厚く，広く，本数を多くする，あるいは電極の未塗工部の全面から取る（タブレス）方法や，電極を薄く，長くする方法を採っています．

　電動工具用の電池パックとその電池に用いられた電極の例を**写真3-2**と**図3-6**に示します．セパレータはリチウムイオンが通過する孔径が大きい品番を使用しています．

　大電流での充電時に内部抵抗（特にR_e）が大きいと，これによるIR損で対応した電圧上昇が生じ，充電終止電圧までの電圧余裕幅が狭まるため，充電が十分にできなくなります．

（2）活性化抵抗の低減化

　活物質を微粒子で用いる方法や薄肉で中空状の多孔性粒子にする方法（**図3-4**参照）があります．

　後者はすでにハイブリッド車（HEV）用の電池で採用されており，従来の電池にはない新しい形態です．原理原則を具体化した好例です．上記の電動工具用電池の場合は，幅広で長尺の電極を用いて，反応面積で対応しています．

[表3-1] 3つの抵抗の低減化策

具体的な抵抗の低減化策を示した

対象項目	電子抵抗 R_e	活性化抵抗 R_a	拡散抵抗 R_c	特性上の課題
1. 電子抵抗…集電構造, 電解液 ① 集電を電極の端面(全体)からとる 　…タブレス(電極リードなし) ② リードの本数を増やす, 厚く/広くする ③ 焼結(sinter)型電極にする ④ 適当な電極構成(組成)にして薄くする ⑤ 電解液の伝導性を高める ⑥ セパレータ抵抗を下げる(孔径を大きく, 薄く)	○	—	—	安全性との兼ね合い
2. 電池の反応性を高める ① 反応性の高い活物質(i_o大)を用いる ② 活物質を微粒子化, 中空化, 多孔性にする ③ 電極面積を増やす(幅広, 薄く, 長尺にする)	—	○	—	安全性との兼ね合い
3. 反応種の接近, 拡散を速める 　…拡散反応の完了時間を短縮する ① 反応種, 対イオンの移動距離を短くする （i） 電極, セパレータの薄形化 （ii） 電極の空隙の直管化 （iii） 活物質を微粒子化する	—	—	○	安全性との兼ね合い

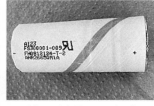

(b) 電池容量2.2 Ah(1 A)

(a) 電動工具用電池パック
Black & Decker　Dewalt, DE9360
電池品番：APR26650MIA(10直列接続)

[写真3-2] **電動工具用電池パックと電池**(電動工具用, 26650サイズ, 黒鉛/LFP電池)

(3) 濃度過電圧への解決策

反応種つまりリチウムイオンと対イオンのアニオン($PF_6{}^-$)の, 反応場への接近と離脱を容易かつ速くすることです.

反応場とは電極内の活物質の表面です. 具体的には, 電極の厚さを薄くする, 電極の空隙率(多孔度 ε)を大きくするなどの方法をとります. セパレータの孔径を大きくし, 多孔度を上げることも効果があり, 実際に行われています.

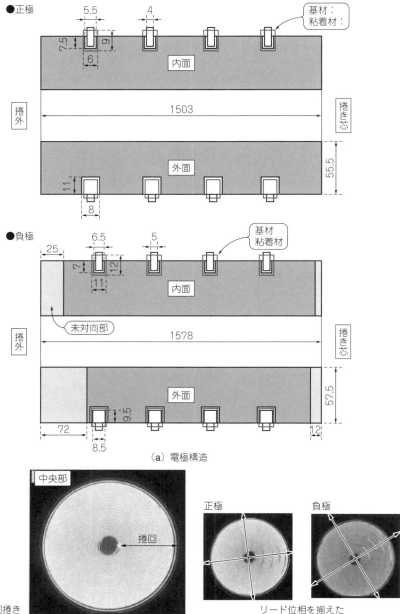

（a）電極構造

電極は35回捲き

（b）断面写真

［図3-6］電動工具用電池の電極/電極群の実際

正負極とも，①4本のリードで，②取り出し位置を均等かつ方位を揃え，③電極は35回捲きの薄形/長尺/大面積にして低抵抗化を図っている

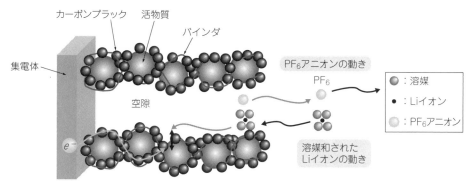

カーボンブラック　活物質

バインダ

集電体

空隙

e^-

PF$_6$アニオンの動き

PF$_6$

溶媒和された
Liイオンの動き

●：溶媒
●：Liイオン
◎：PF$_6$アニオン

[図3-7] 大電流用リチウムイオン電池の電極構造（モデル図）
大電流を取り出すには，電極の奥にある活物質にいかに早くLi$^+$を供給できるかがポイント

● **急速充電に理想的な電極は**

　原理的には，電極の奥にある活物質へ続く空隙を直管状に作製することが，特性
上で最も効果的です（**図3-7**）.

　実際の空隙は曲路になっており，その長さは電極厚みの2 ～ 6倍（曲路率τ）と報告
されています. 電極の奥でのイオン伝導度（σ_{ion}）は電解液のイオン伝導度（σ_0）の
1/10程度に低下して大きな損失となっています. これを改善する必要があります.
第5節で説明します.

3-3 　LTO（チタン酸リチウム）やHC（ハードカーボン）はなぜ急速充電できるのか

　急速充電ができる条件の第一は「大電流[A]を短時間[h]に受け入れる」能力が
電池にあることです. これを「充電受け入れ性に優れる」と呼びます.「電流」と
は物質移動量であり，正確には「単位時間に単位断面積を通過する対象粒子の数
（量）」です.

　リチウムイオン電池での充電は「正極活物質内に配置されたリチウムイオンが,
その席を離脱し，電解液を通過して，負極活物質内の空席に適切に配列して収納さ
れる」ことです. 急速充電では，この一連のプロセスを円滑に短時間で完了させる
ことを目指します.

■ LTO，HCは構造に余裕がある

　リチウムイオンが出ていく正極は，さほど問題はありません.

負極は多くが黒鉛で, 次の過程を経ます(**図3-8**).

(1) 黒鉛は, 集まってきたリチウムイオンを黒鉛の端面(入口)でいったん受け止める

(2) グラフェン層間の間隔(0.336 nm)を最終的に約10 %押し広げる(0.371 nm)

(3) 入口からリチウムイオンを複雑な規則(ステージ)にしたがって, 順次整列した形で内部の空席に収納させる

黒鉛負極での課題は, この複雑なプロセスにあります.

● 黒鉛負極の急速充電は不適当

黒鉛負極を急速充電するとどうなるのでしょうか?

結果は「リチウムイオンの規則的な収納に対応できず」, **図3-9**のように, 負極の表面に金属リチウムが針金状や苔状の形で析出します.

低温(例えば5℃), 0.5Cの充電でリチウムが析出したとの報告があります. いっ

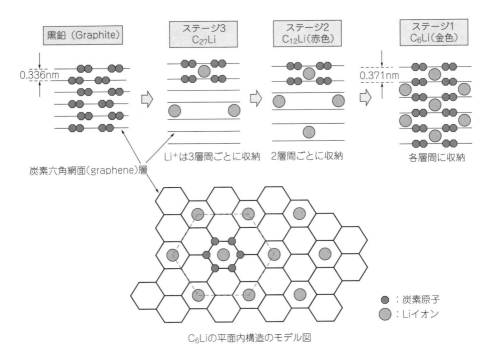

[**図3-8**] **黒鉛へのLi$^+$の挿入反応…ステージと収納位置**
黒鉛負極が充電される際にはLi$^+$の入りかたに規則性がある. それに従って色も変わる

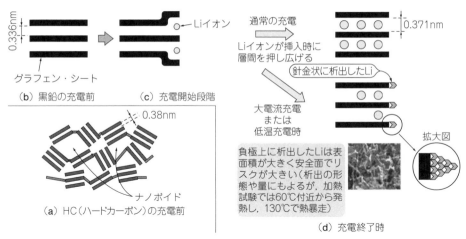

[図3-9] 急速，低温充電時に黒鉛負極で起こる変化（模式図）
このとき黒鉛負極には針金状や苔状にLiが析出し，安全性を大きく低下させる

たん金属リチウムが析出すると，サイクル特性は大きく低下し，安全リスクも増大するため適切ではありません．

● 黒鉛負極でのリチウムイオン収納は段階的

黒鉛へのリチウムイオンの収納は，**図3-8**のように段階的に行われます．しかし，整列した形での収納が間に合わないのであれば，前節のように，黒鉛を微粒子化したらよいのではとの疑問が浮かびます．

この方法は適切ではありません．理由は，微粒子の黒鉛材を用いると，内部短絡を模擬した「釘刺し」試験で発火する確率が高くなり，採用できないからです．そのため総合的な判断から，黒鉛材は20μm程度の球状に加工して使用しています．

■ HCのリチウムイオン収納プロセス

それでは，LTO（チタン酸リチウム）やHC（ハードカーボン）はなぜ急速充電が可能なのでしょうか？

はじめに，負極材料の放電カーブと材料の特徴を**図3-10**に示します．この図から，材料それぞれの性質が概略的に把握できます．

HCは同じ炭素材でありながら，性質は**図3-11**のように黒鉛とは相当に異なり，次のような特徴をもっています．

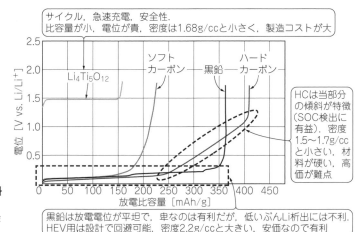

サイクル，急速充電，安全性．
比容量が小，電位が貴，密度は1.68g/ccと小さく，製造コストが大

ソフトカーボン　黒鉛　ハードカーボン

Li₄Ti₅O₁₂

HCは当部分の傾斜が特徴（SOC検出に有益）．密度1.5〜1.7g/ccと小さい．材料が硬い，高価が難点

黒鉛は放電電位が平坦で，卑なのは有利だが，低いぶんLi析出には不利．HEV用は設計で回避可能．密度2.2g/ccと大きい，安価なので有利

[図3-10] 負極材料
の放電特性と特徴
各材料ごとにさまざま
な特徴がある

(1) グラフェンの間隔が初めから0.38 nmと広いのでリチウムイオンの挿入時に層間を押し広げる必要がなく，リチウムイオンが円滑に格納される
(2) グラフェン層の枚数が3〜4枚と薄いので層間の数も2〜3枚しかなく，リチウムイオンの配列に黒鉛のような複雑な過程を要しない
(3) 内部にマイクロボイドあるいはナノボイドと呼ばれる比較的大きな空隙があり，層間の収納席が満杯になっても，次はこの空隙にリチウムイオンをクラスタ（ブドウの房）状に収納できる

＊　　　　　　＊　　　　　　＊

　このような特徴から，急速充電，つまり負極でのリチウムイオンの収納がスムーズにできるわけです．HCは，大電流での充放電が行われるHEV用電池に採用されています．放電カーブが途中から斜めに立ち上がっている特性も，搭載電池のSOC（充電状態）検知に有効といわれています．

■ LTOのリチウムイオン収納プロセス

　LTO［チタン酸リチウム，$Li_4Ti_5O_{12} = Li(Li_{1/3}Ti_{5/3})O_4$］の説明に移ります．
　LTOは，次の特徴を備えており，結晶構造と性質から急速充電には好適です．
(1) 骨格構造といわれる3次元の結晶構造をしており，充放電でリチウムイオンが侵入脱離しても膨張収縮がほとんどない．このため粒子への負担がなく，破壊がないためサイクル寿命が長くとれる
(2) 充電でリチウムイオンがもう1つ入ると，最初にあったリチウムイオンは隣

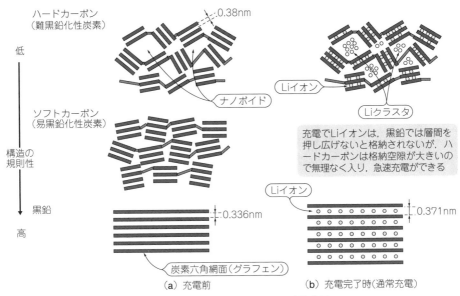

[図3-11] ハードカーボンと黒鉛の構造およびLiイオンの収納模式図
黒鉛と違って，HCはLi⁺を円滑に収納できる層間と隙間を有する

接した広い空席に移動し，新しく入ったリチウムイオンも空いていた席に収納されるため，**図3-12**に示すように安定性に富む構造となる[3]

(3) 白色の絶縁性粉末で，充電でリチウムイオンが入ると濃青色に変化し，導電性となる．したがって，内部短絡が生じても，接触部が絶縁体に戻るので安全性が高く，自身も燃えない．このためサブミクロン（μm）サイズの超微粒子で，大電流に適応させている

(4) 充放電電位が約1.5 Vと高いため，過充電しても金属リチウムの析出がなく，電解液の分解もほとんどない．むしろリチウムが析出するまえに，アルミニウム製の集電体がリチウムと合金を形成して崩壊して安全側に傾く

● HC，LTO，黒鉛の特性比較

表3-2に負極材であるHC，LTOと黒鉛の大電流特性に向けた比較を示します．

HCとLTOが入出力，つまり急速充電に適しており，低温下でも寿命の点でも優れることがわかります．

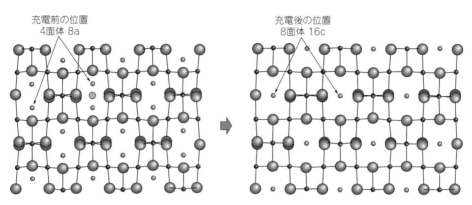

$$\text{Li}(\text{Li}_{1/3}\text{Ti}_{5/3})\text{O}_4 + \text{Li} + e^- \underset{\text{放電}}{\overset{\text{充電}}{\rightleftharpoons}} \text{Li}_2(\text{Li}_{1/3}\text{Ti}_{5/3})\text{O}_4$$

8(a)　　　　　　　　　　　16(c)

英数字は構造での位置を示す

充電前の位置
4面体 8a

充電後の位置
8面体 16c

(a) Li(Li$_{1/3}$Ti$_{5/3}$)O$_4$(スピネル構造)　　　　(b) Li$_2$(i$_{1/3}$Ti$_{5/3}$)O$_4$(岩塩類似構造)

[図3-12]$^{(3)}$　チタン酸リチウムの充放電に伴う構造変化
充電でLiを収納しても構造に大きな変化もなく，しかもより安定な構造に変化するのでサイクル寿命に優れる

[表3-2] 急速充電/大電流に適する負極材料
急速充電の負極材料には，一般的にはHCとLTOが適当．一方，民生機器に用いられる黒鉛は長時間作動（エネルギ密度型）には良いが，急速充電には適さない

負極材料	入出力特性	低温特性	サイクル寿命	平均放電電圧［V］正極：LiCoO$_2$	体積エネルギ密度（電池に用いた場合）
難黒鉛化性炭素（ハードカーボン，HC）	◎	◎	◎	3.5	△
チタン酸リチウム（Li$_4$Ti$_5$O$_{12}$，LTO）	◎	◎	◎	2.3	△〜×
黒鉛（グラファイト）	△	△	△	3.7	◎

3-4　黒鉛負極は急速充電できないか？…電気自動車ではどうなっている？

　第3節で，ハードカーボン（HC：難黒鉛化性炭素）やチタン酸リチウム（LTO：Li$_4$Ti$_5$O$_{12}$）は急速充電に適した負極材ですが，黒鉛材は一般的には適さないと説明しました．充電のときにリチウムイオンが挿入される際の各材料の受け入れ挙動が

その違いの理由です.

■ 黒鉛負極では急速充電はできないか?

「黒鉛は急速充電できないのか?」と問われると,答えは「必ずしもできないわけではなく,応用による」という不確実なものになります.

黒鉛でも使いかたや電極の設計しだいでは,可能なケースがあります.その具体的な例を下記に,民生用と電気自動車用電池とで分けて説明します.

● 民生用には混合処方で対応

一般的な民生機器は,0℃以下の低温環境での充電や長時間の使用,または大電流での充電はほとんど求められません.そこで,アプリケーションの仕様に合わせて,電池メーカでは黒鉛の種類と配合比を変えて対応しています.

黒鉛には,天然黒鉛と人造黒鉛があり,通常2者を混合して,それぞれの特徴を活かします.上記の場合には,電流が取れやすい天然黒鉛の混合比率を人造黒鉛に対して大きくして対応します.天然黒鉛と人造黒鉛の特性の概略を**表3-3**に示します.

● xEV用での現状と可能性

上記のように,民生ではほぼ可能と答えると,即座に「電気自動車ではどうだ?」と続きます.この質問へも「一部の電気自動車を除いて,ほとんどの電気自動車に対応できる」と回答できそうです.実際にそうなっており,その背景と根拠について説明します.

2017年後半から,車両メーカの排気ガス不正の問題や環境規制への対応で,「電気自動車(EV)へのシフト」の発表が世界的に続き,多くの人の関心を集めています.市場が急速に拡大することに加え,電気自動車の電源としてのリチウムイオン電池の展開は,技術者だけでなく,多くの人の関心を集めています.

最初に,電気自動車と総称されるxEVの分類とその走行モード,搭載電池への要求を概念的に**図3-13**に示します[4].

簡単に言えば,電気自動車(BEV/EV)はそのシステムから,1充電走行距離,つまり総エネルギ量を重視し,ハイブリッド車(HEV)は同じく構成上から電池容量は小さくてもよいが,きわめて大きな大電流での入出力が必要になり,プラグイン・ハイブリッド車(PHEV)はその両方の特性が求められます.

[表3-3] 代表的な負極材料の特徴
黒鉛には天然品と人造品があり，用途により混合比を変えて使用している

負極材料 （別称／組成式，略称）		平均放電 電圧［V］ 正極：LiCoO₂	体積エネルギ 密度［Wh/L］ （電池）	入出力 特性	低温 特性	サイクル 寿命	材料価格
難黒鉛化性炭素 （ハードカーボン，HC）		3.5	△	◎	◎	◎	× （×堅い）
易黒鉛化性炭素 （ソフトカーボン，SC）		開発中	—	—	—	—	△
チタン酸リチウム （Li₄Ti₅O₁₂，LTO）		2.3	×	◎	◎	◎	× （×電圧損）
黒鉛 （グラファイト）	天然品	3.7	◎	◎	○	△	◎ 混合し
	人造品	3.7	◎	△	△	○	× て使用

◎：優れる，○：良好，△：可，×：不適

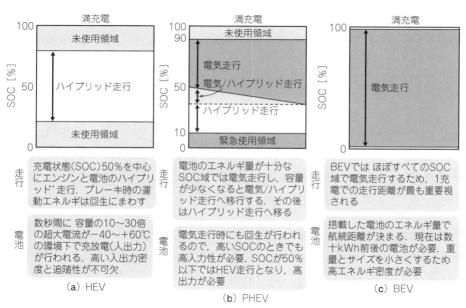

(a) HEV

満充電

SOC［%］

未使用領域

ハイブリッド走行

未使用領域

走行　充電状態（SOC）50％を中心にエンジンと電池のハイブリッド走行．ブレーキ時の運動エネルギは回生にまわす

電池　数秒間に容量の10～30倍の超大電流が−40～+60℃の環境下で充放電（入出力）が行われる．高い入出力密度と追随性が不可欠

(b) PHEV

満充電

SOC［%］

未使用領域

電気走行

電気/ハイブリッド走行

ハイブリッド走行

緊急使用領域

走行　電池のエネルギ量が十分なSOC域では電気走行し，容量が少なくなると電気/ハイブリッド走行へ移行する．その後はハイブリッド走行へ移る

電池　電気走行時にも回生が行われるので，高いSOCのときでも高入力性が必要．SOCが50％以下ではHEV走行となり，高出力が必要

(c) BEV

満充電

SOC［%］

電気走行

走行　BEVではほぼすべてのSOC域で電気走行するため，1充電での走行距離が最も重要視される

電池　搭載した電池のエネルギ量で航続距離が決まる．現在は数十kWh前後の電池が必要．重量とサイズを小さくするため高エネルギ密度が必要

[図3-13]⁽⁴⁾　電動車両の走行モードと電池への要求
それぞれの使われかたがあり，どのように適合させるかがポイント

● xEVサイドからの要求

　これに対して，大手車両メーカの技術者が報告した，それぞれに求められる電池特性を**表3-4**に紹介します[5]．この表では，上記の考えかたとほぼ同じ結論が，具体的な数字で示されています．

[表3-4]⁽⁵⁾

[表3-4]⁽⁵⁾
電動車両用電
池への要求

電池への要求	用 途			
	HEV	PHEV	BEV	民生
環境温度［℃］	− 30 ～ + 70	− 30 ～ + 70	− 30 ～ + 70	− 20 ～ + 40
入出力電流［C］	＞30	10 ～ 30	1 ～ 5	1 ～ 5
耐久性［年］	10 ～ 15	10 ～ 15	10 ～ 15	1 ～ 3
実用SOC範囲［％］	20 ～ 80	10 ～ 90	0 ～ 100	0 ～ 100
総エネルギ量/パック	1 ～ 2 kWh	5 ～ 10 kWh	10 ～ 25 kWh	数 Wh

● xEVと搭載電池の状況

「黒鉛を負極材としたリチウムイオン電池がxEVに対応できるのか」が，この節のテーマでした．

BEV用では電流値もそれほど大きくないので，実現は可能だろうと推測されましたが，正しく2009年(i-MiEV)と2010年(Leaf)のBEVでは黒鉛が採用されています．

残る疑問は「HEVで要求される巨大な電流と，PHEVで求められる大電流とネルギ量が黒鉛負極のリチウムイオン電池で対応できるか」でした．

電源から述べると，最近のPHEV(Prius PHV)とHEV(Prius 4G)に搭載されたのは，いずれもリチウムイオン電池でした．2011年のPHEV(Prius α)もリチウムイオン電池でした．

電池パックの電圧はHEVが200 V強，PHEV，BEVでは350 V強と高電圧でした．高電圧化は，電気エネルギを有効に利用でき，電源の小型化も可能です．

電池容量は，HEVで5 Ah程度，PHEV，BEVで25 Ahまたは60 Ah程度でした．これらのxEVに搭載された電池の性能概略を表3-5に示します．

● 大電流が必要なHEVに対応できるか

最大の関心事は負極の活物質でしたが，これらの電池ではすべて黒鉛材でした．PHEVでの黒鉛利用は何とか理解できます．問題はHEVの場合です．

疑問点は下記です．

(1) 黒鉛材料を用いて，30Cを越える大電流の入出力をどのように解決したのか

(2) どのような黒鉛材料を選択/開発したのか，あるいはどのように負極を設計したのか

● 原理原則を忠実に

解決策は，負極の容量を正極よりも相当に大きくする設計でした．

HEV用の電池は大容量でなくてもよい点が，この場合には有利に働きました．

[表3-5] 電動車両用電池の実態

実際に用いられている電池の性能. 急速充電の負極材料には, 一般的には HC と LTO が
適当. 民生機器に多く用いられる黒鉛は長時間作動(エネルギ密度型)には良いが, 急速充
電には適合しにくい. ただし, 大容量が必要とされない HEV では, 通常負極に採用する
HC や LTO の代わりに, 安価な黒鉛を正極容量に比して過大な量で使用することで充電時
の大電流, つまり多量の Li$^+$ をうまく吸収する設計が採用できる

電池仕様	用 途			
	HEV	PHEV	BEV	ノートPC
正極活物質	NCM	NCM主体	NCM主体	NCA
負極活物質	黒鉛, LTO	黒鉛	黒鉛	黒鉛
電池パック電圧 [V]	207	350 ～ 360	360	10.8
電池容量 [Ah]	4 ～ 5	25	25, 60	5.8
電池エネルギ量 [kWh]	1 ～ 1.5	9 ～ 20	20	0.06

黒鉛の種類と混合割合を適切に選択し, 容量比率を大きくすれば, 相当の大電流で
も極低温下でも, 負極は十分な充電受け入れ性をもつようです.

　なお, xEV 用の電池は, 民生用電池に比べて, 相対的に非常に大きな電流を出
し入れするので, 正負極とも電極は多孔度を相当に大きく, つまり緩く作製してあ
ります.

3-5	リチウムイオン電池の将来展開

　リチウムイオン電池は高電圧で, 高エネルギ密度など多くの特徴をもつため, 民
生/産業分野を問わずさまざまな形で採用されています. そのなかで, この電池の
技術開発の状況を述べ, その将来を展望します.

■ 電池材料の現状

● 正極活物質

　正極では, 主力の NCM 系で Ni 比率を高めた高容量化や粒子形態を変えた高出力
化への動きが進行中です.

　新材料では, 5 V 級の材料や高容量の複合材料が大きな期待のなかで精力的に研
究が行われましたが, いずれも実用面で課題が発見され, その解決に対応しており
停滞しています.

● 負極活物質

　負極は, 比容量と低電位, 電位平坦性から黒鉛が今も主流ですが, 低温下や大電

流でのリチウム析出が課題です.

　負極を代表する黒鉛は比容量などで限界に近く，高容量の合金系が永年検討されていますが，充電後の脆さと安全面での解決策が見い出せず，黒鉛負極への少量添加に留まっています．一方，容量が小さいメモリ・バックアップでは合金負極はすでに実績があります.

● 電解液

　電解液では，有機溶媒はC，H，Oが構成元素のため溶媒種が限られて高電圧化も進捗していない状況です.

　民生用には粘度の低い新種の溶媒が採用されています.

　リチウム塩も$LiPF_6$が主で，代替品の開発も難しい状況です．そこで，さまざまな添加剤が特性向上や信頼性と安全性の分野で効力を発揮しています.

● セパレータ

　セパレータは，高耐熱型新素材の開発が進んでいますが，複合化やセラミック・コートが主力です．このほか，① 低SD化とSDの高速化を目指した開発や② SD開始とMD開始の温度差を大きくして安全側へ移行させる開発が行われています[9].これらの現状をまとめて**表3-6**に示します.

■ 将来電池は高出力と高エネルギ密度型

　市場と技術から将来を展望すると，次のように推測できます.

　民生分野の市場は安定的に拡大するものの，新しいキラー・アプリの出現が予見できないため，電池技術の進展は小さいと考えられます.

　一方，電動車(xEV)分野は世界的なEVシフトから，今後はPHEVとBEVが主力になると考えられ，またその市場規模が極めて大きいので，電池も技術開発もその方向に向かっています.

　定置用分野の進展は大きくない模様です.

　電池に求められる特性をアプリケーション別に示すと，**図3-14**のように，これまで民生用では高エネルギ密度を中心に高信頼性／安全性と低コスト化が，電動車(xEV)と産業用には高出力を中心に高信頼性／安全性と低コスト化が求められてきました.

　高エネルギと高出力とでは，技術の内容が大きく異なります．概略的に示すと，高エネルギ密度化には

[表3-6] リチウムイオン電池と部材の技術開発の状況
実際に使われている電池と材料の状況

材料＼電池	正 極	負 極	電解液	セパレータ
民生用	•モバイルはLCOが主体 ⇒ 高容量へ高充電電圧(4.2→4.3→4.35→4.4 V) •NCMは高容量へ 523はすでに採用済み. 622は？	•黒鉛は球形化/表面非晶化と天然材で低コスト •用途に応じ(天然＋人造)の混合品で対応 •高容量化へSiOxを黒鉛に添加したが微少量 •負極表面には内短安全性確保のセラミック塗布	•高エネルギ密度化へ： ①高充電電圧化 ②電極群の高緊縛化 →①は添加剤フル装備. 特にSN(耐圧, 耐熱, 高温保存性を改善) ②はさらに低粘度の新溶媒を採用(サイクル特性は低下)	•引き続く発熱/発火によるリコール対応へ： ①複合化やセラミック/耐熱性樹脂の塗布 ②高耐熱性新素材の開発(PA, PVDFなど)
xEV	•NCM, NCA, LMOの単独または混合系を採用 ⇒ NCM：333→433, 523(622は一部採用) •低温/大電流に対応できる小粒径・中空品を採用(R_{ct}, R_c が改善) •中国のバスはLFPのみ. テスラはNCA	•大電流で充放電するHEVで黒鉛を採用 ⇒ 負極/正極容量比を大きくしてLi析出を回避. サイクル特性も良化 •SiOxは黒鉛に少量混合して一部で採用 •負極またはセパレータ上にセラミック粉末塗布	•ベースは LiPF6/EC-EMC-DEC系 •低温/大電流化に対応できる新添加剤を採用. → フッ素化リン酸塩(R_{ct} の低減化, 分析しても確認同定は難)	•複合品(3層PP/PE/PP)が主流 •負極やセパレータ上にセラミック粉末塗布 **新材料の開発はいずれも苦戦中**
定置用	LFP	黒鉛		
電池内でのコストが高い順位	1位	4位	2位	3位

(1) 高電圧化

または

(2) 高容量化

が必要です.

　高出力化には,

(1) 電流の取れる活物質の開発

(2) 電極設計と充填方法の開発

(3) 電池設計

が必要です.

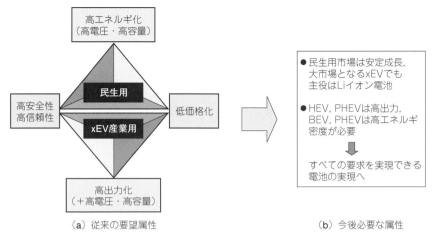

(a) 従来の要望属性   (b) 今後必要な属性

[図3-14] リチウムイオン電池の市場と必要な属性
近い将来へはすべての特性を同時に満足することが求められる

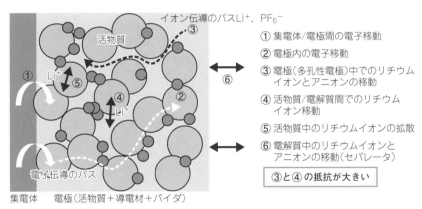

集電体　　電極（活物質＋導電材＋バイダ）

[図3-15]⁽⁶⁾　リチウムイオン電池の内部抵抗
電極内でのLi⁺と対イオンの速い移動と活物質表面へのLi⁺イオンの速い拡散が必要

　なかでもBEV用電池には高エネルギが，PHEV用電池には電気走行する高SOC
領域での高エネルギとハイブリッド走行する低SOC領域での高出力性の両方の特
性が要望されます．これまでの160年近い長い電池技術の歴史のなかで，高エネル
ギと高出力は1つの電池の中では両立できない，相反する技術でした．

　現在のリチウムイオン電池での充放電を規制する要素を解析した結果を**図3-15**
に紹介します⁽⁶⁾．各抵抗のなかで，特に律速となるのは，

（1）多孔性の電極の奥にある反応場へのリチウムイオンと対アニオンの移動到達

（2）活物質と電解液間でのリチウムイオンの移動

と報告されています．この結論から，高出力にはこれらの抵抗を極小化することが不可欠になります．

　他方，近年報告されたインピーダンス解析法[7]を用いると電極の課題点が具体的に評価でき，これに新規な電極構成法を用いると高エネルギと高出力が両立できる可能性が見えてきました．

● 串団子型の電極と新工法

　高出力化には，電極の奥にある活物質へのリチウムイオンの円滑な到達が必要です．セパレータだけでなく，電極の内部もリチウムイオンが移動する通路は曲路，つまり曲がりくねっています．

　一方，電池の容量を大きくするには，多量の活物質を充填することが必要ですが，通常は電極をプレスして圧密化を行っています．この結果，電極内のリチウムイオンの通路長（拡散長）は，電極厚みの数倍の長さになっています．そのため，電極の奥ではイオン伝導度は電解液本体に比べて，正極で1/10，負極で1/20程度に低下します．このことは，通常の電極構成では電流が取れないことを意味しています．

　電極でのこの現象は，Bruggemanの一般式として古くに報告されています．

$$\sigma_{ion} = \sigma_0 \times \varepsilon / \tau \cdots\cdots\cdots\cdots\cdots\cdots\cdots\cdots\cdots\cdots\cdots\cdots\cdots\cdots (3\text{-}1)$$

σ_{ion}：電極内部での電解液のイオン伝導度

σ_0：電解液自身（バルク）のイオン伝導度

ε：電極の多孔度

τ：曲路率（拡散長／電極厚み）

　圧密化すると，正極に比べ負極でのイオン伝導度が小さくなります．これは，活物質の黒鉛が柔らかいためプレスすると扁平状に変形し，リチウムイオンの移動経路が長くなるためです．他方，正極は焼成品で堅く，プレスしてもほとんど変形しません．

　高出力の電極は，式(3-1)で多孔度（ε）を大きくし，曲路率（τ）を小さくすることになります．リチウムイオン電池では正負極とも多孔体であり，この曲路率を1に近づけることが必要です．つまり，電極中に存在する曲がりくねったリチウムイオンの通路を直管状にし，同時に活物質を串団子状に配置する新しい技術が必要です．米国の国家プロジェクトでは新しい電極作製法により，一部実現できています．

　このように従来とは違った視点での電極設計や電池反応の高度解析により，高エ

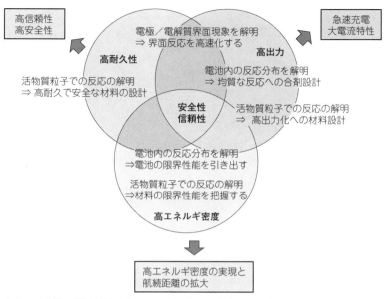

電極／電解質界面現象を解明
⇒ 界面反応を高速化する

高信頼性
高安全性

急速充電
大電流特性

高耐久性

高出力

活物質粒子での反応の解明
⇒ 高耐久で安全な材料の設計

電池内の反応分布を解明
⇒ 均質な反応への合剤設計

安全性
信頼性

活物質粒子での反応の解明
⇒ 高出力化への材料設計

電池内の反応分布を解明
⇒電池の限界性能を引き出す

活物質粒子での反応の解明
⇒材料の限界性能を把握する

高エネルギ密度

高エネルギ密度の実現と
航続距離の拡大

[図3-16][(8)]　**電池性能の向上にはどの部分を解析し，どのように改善するか**
大きく3つの目的にはそれぞれに合致したやりかたがある

ネルギ密度や高出力，高信頼性／高安全性に富む電池が実現できると，その利益は非常に大きいものになります．その指針の例を図3-16に紹介します[(8)].

　特に現在は，次章で述べる電池のインピーダンス解析は，電池の状態診断に多用されています．これを近年の解析法を活用して電極設計に用いると，高容量で大電流用の電池の実現化に役立つと考えられます．

3-6 リチウムイオン電池の高出力化

　リチウムイオン電池は，水系電解液に比べて，反応種のリチウムイオンの拡散係数が1桁小さく，イオン伝導度も1～2桁低い有機電解液を用います．そのため基本的に大電流が取り出せない系と考えられていました．それを永年にわたり，電池材料や電極設計，電池構造を工夫し改善することで，高出力化を実現できました．

　本節では，拡散・輸送論から高出力化の展開と現状について解説します．

■ 高出力化と物質移動

　電解液中および活物質内部でのリチウムイオンの拡散促進とイオン輸送を系全体

として整合させれば，高出力化の実現は可能であるとした研究結果があります．リチウムイオン電池の基礎から見直した結果です．原理原則に基づいて思考実験を重ね，実際に電池で確認を行っています[10]．

　ただ，結論の一部である正負活物質の粒径に関しては，安全性の面から実際の電池では制限が加わることが多くあります．併せて説明します．

● イオン輸送と物質移動

　根幹となる物質移動過程の部分は，成書から一部引用して紹介します[11]．

　電極-電解液系で，電流の流れに伴う諸過程を考える場合には，電極内での電子の移動や電極－電解液界面における電荷移動反応のほかに，電解液内の物質移動（主としてイオン）を考える必要がある．この場合の物質移動は，拡散，電気泳動および対流によって起こる．

　このうち拡散過程は電気化学反応を進行させるうえで欠くことができない．そして，この過程が律速となっている場合もよくあることである．

　物質の拡散過程に対する基本式はフイック（Fick）の拡散の第一法則である．物質は濃度（c：モル/cm^3）の高いところから低いところへ輸送され，位置（x）において単位断面（cm^2）を1秒間に通過する物質量，すなわち流束[dQ/dT：モル/（cm^2・s）]は，この面における濃度勾配（dc/dx）（dc：濃度差，dx：移動距離）に比例するというものである．

$$- dQ/dt = D \cdot dc/dx \cdots\cdots\cdots\cdots\cdots\cdots\cdots\cdots\cdots\cdots (3\text{-}2)$$

式（3-2）でDは拡散係数と呼ばれ，cm^2/sで表される．

　イオン輸送の総量Iは，断面積をS(cm^2)とすると，次式（3-3）で表されます．

$$I = (dQ/dt) \times S = D \cdot dc/dx \cdot S \cdots\cdots\cdots\cdots\cdots\cdots\cdots\cdots (3\text{-}3)$$

■ 高出力化への具体的な思考例

　出力は電流×電圧（$I \times V$）です．ここで電圧Vは電池系を選べば，一義的に決まってくるので，高出力へは電流Iを大きくすることになります．

　既述のように，電流とは"物質移動量"なので，式（3-3）と同じことです．

● 電流Iを大きくする2つの操作

　式（3-3）で，通常の電池で電流Iを大きくするのに操作できる項は，次の2つです．
(1) 移動距離dxを小さくする

　移動距離に対して反応完了に至る距離を小さくすることになります．具体的には，

リチウムイオンの拡散が電解液より圧倒的に遅い活物質を微粒子化することです.

(2) 断面積Sを大きくする

反応面積を大きくする意味で，活物質の粒径を小さくすることになります.

● **思考実験：活物質の粒径を小さく電極を薄膜化する**

思考実験では，電極の厚みを薄くする例が図示してあり，例えば1/3にすると式 (3-3) は次のようになります.

$$I' = D \cdot dc/dx \cdot S = D \cdot dc/(dx/3) \cdot S = 3I$$

つまり，3倍量の電流が流れ，電極の厚みが1/3なので体積も1/3となります. 単純計算では3倍量の電極が電池に収納できることになります. S項は$3S$となるので，式 (3-3) から9倍量の電流が取れる計算となります.

結局，活物質の粒径を小さくし，電極の薄膜化により，計算上は高出力が可能となります. その際には，電解液中と活物質中での総イオン輸送量のバランスをとる必要があります.

思考実験に用いたモデル例と計算結果の例をそれぞれ**図3-17**，**図3-18**に示します[(10)].

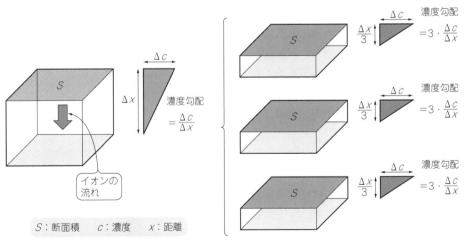

S：断面積　　c：濃度　　x：距離

[図3-17] 薄型電極の出力密度向上（1/3厚みでの例）
電極を1/3に薄くすると濃度勾配から3倍，収納する電極量は3倍になるので，都合9倍に出力が増加する思考実験例

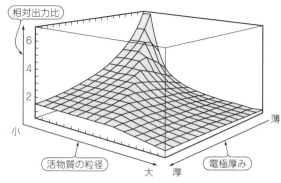

[図3-18] リチウムイオン電池系の
高出力の可能性（シミュレーション）
活物質の粒径を小さくし，電極を薄くす
ると出力が増加する

■ 高出力化は安全性との両立が不可欠

　原理的には，活物質を微粒子化することで高出力の可能性があることを紹介しま
した．しかし，実際の電池では2～3の活物質を除けば必ずしもそうではありません．
その理由は安全性で課題が出てくるからです．

　試作した電池で，内部短絡を模擬した「釘刺し」試験を行うと，発煙や発火を起
こす割合が高くなります．

　電池において，安全と品質は優先度が高く，重要な項目です．

● 微粒子化しても安全に高出力が得られる活物質

　正極ではLFP（LiFePO$_4$）とLMO（LiMn$_2$O$_4$），負極ではLTO（Li$_4$Ti$_5$O$_{12}$）が，微粒
子化しても安全に高出力が得られる活物質になります．その理由を解説します．

▶正極LFP

　LFP自身はほぼ絶縁体であり，充電した電池が内部短絡することがあっても，そ
の部分は放電して絶縁体に戻ります．リチウムイオンの拡散係数も非常に小さい部
類に属します．このため0.1 μm未満や5 μm以下の超微粒子の状態で採用されてい
ます．

▶正極LMO

　LMOは満充電した状態でも，他の層状活物質とは違って350℃付近まで活性な
酸素を放出しない安定な骨格構造をしています．ただ，比容量が小さいので，この材
料が単独で用いられることはありませんが，5 μm未満で採用された実績があります．

▶負極LTO

　LTOも絶縁体に属し，拡散係数も大きくないので，充電品が短絡しても安全な
ため，0.5 μm程度の超微粒子で用いられています．

[表3-7] リチウムイオン電池の材料物性

活物質		電子導電率 [S/cm]	Liイオン拡散係数 [cm²/s]	粒径 [μm]	比表面積 [m²/g]	備考
正極	LFP	$10^{-9} \sim 10^{-11}$	$10^{-14} \sim 10^{-18}$	< 0.1 < 5	(25) 10	炭素被覆 炭素繊維添加
	LMO	$10^{-4} \sim 10^{-6}$	$10^{-9} \sim 10^{-11}$	< 10	< 0.5	
	LCO	$10^{-3} \sim 10^{-4}$	$10^{-7} \sim 10^{-9}$	< 10	< 0.5	
	NCM333	$10^{-8} \sim 10^{-9}$	$10^{-8} \sim 10^{-10}$	< 10	< 0.5	
	NCA	10^{-5}	10^{-10}	< 20	$\leqq 0.5$	
負極	LTO	$10^{-9} \sim 10^{-13}$	$10^{-8} \sim 10^{-12}$	$\leqq 0.5$	(10)	
	黒鉛	10^{2}	$10^{-7} \sim 10^{-9}$	$20 \sim 30$	< 5	
有機電解液		$10^{-3(*)}$	10^{-6}			

( )：推定値　　（＊）：イオン伝導度

● リチウムイオン電池材料の物性

　活物質自身が絶縁体や結晶構造が堅固である特徴を有するものを除くと，通常，正極材は粒径が10 μm程度で，比表面積が0.5 m²/g以下です．負極の黒鉛材は粒径が20 〜 30 μmで，比表面積が5m²/g未満のものがほとんどです．**表3-7**に上記の活物質の現状を示します．

　電池で大電流化を図るには，活物質だけでなく，電池構造や電極構成，セパレータなどが関係していることは既に説明しています．中でも，セパレータは薄いようでも，多孔度が40％程度で曲路率が4 〜 6と大きい点から，最後に効いてくると報告されています[12]．

◆参考・引用＊文献◆
(1)＊ 新エネルギー・産業技術総合開発機構(NEDO)；Battery RM2013.
(2)＊ 金田 理史，ほか；第83回 電気化学春季大会1L24，2016年.
(3)＊ K. Ariyoshi et al.；Electrochim. Acta，51，(2005) pp.1125-1129.
(4)＊ 特集　電気自動車の真実，日経ものづくり，2009年9月号，p.68．小久見 善八；リチウム二次電池，pp.189 〜 195，オーム社，2010年.
(5)＊ 野口 実；車両の電動化技術と電池に要求される性能，p.30，知の市場，2017年.
(6)＊ 安部 武志；電解液，知の市場，p.53，2017年.
(7) N. Ogihara et al.；J. Electrochem. Soc.，159，A1034-A1039(2012)
(8)＊ 内本 喜晴；第55回電気化学セミナー，2015年.
(9)＊ 山田 一博；セパレータ，知の市場，2018年.
(10)＊ 堀江英明；リチウムイオン電池の高出力化，リチウムイオン電池-基礎と応用，pp.116 〜 122，培風館，2010年．堀江英明；第48回新電池構想部会資料，2003年.
(11)＊ 田村英雄，松田好晴；現代電気化学，p.109，培風館，1977年.
(12)＊ 大澤康彦；リチウムイオン電池の基礎，リチウムイオン電池-基礎と応用，pp.98-106，培風館，2015年.

Column (A)

劣化を逆手に取る方法…負極集電体の溶出と電源管理

　人工衛星や電動車などに搭載する電池パックは，容量や電池抵抗などの特性がほぼ同じ値をもつ電池を選別して用いています．電池パックでは電池を直列／並列に接続していますが，性能の低い電池があると，それは直列接続の配置では選択的に劣化が進むことになります．その列の特性は大きく低下し，電源としては極めて大きなダメージを受けます．

　一方，電池を個別に管理しているシステムでは，この現象を逆手にとり，その電池を単なる抵抗体にして不具合を解消することができます．具体的には，性能が低下した電池を強制的に過放電して転極させ，負極の銅集電体を溶出させ，転極した正極上に析出させる，あるいは充電時に負極に銅めっきが起こることを利用して，電池内部で直接短絡させて電池を単なる抵抗体に変えます．こうして，劣化電池を消してしまうとのことです．

第4章

リチウムイオン電池の信頼性を左右する
電池の製造工程と品質管理

4-1	電極作製の管理と容量の確認

　本節では，リチウムイオン電池の信頼性に密接に関係する製造工程と，そこでの
管理について説明します．

■ 各種電池の製造と工程管理

　電池の形状には，円筒，角，パウチ（ラミネート），ボタンの4種類があり，アプ
リケーションの仕様に適合する特性とサイズを選び，次に品番を選択していきます．
　主電源用の円筒形，角形とボタン形電池では，セパレータを中心に正極と負極を
捲回した電極群を金属ケースに収納しています．パウチでは同じく捲回した電極群，
または正極／セパレータ／負極から構成されたユニットを複数個積層（スタック）し
て，アルミニウム・ラミネート・シート製のパウチ（pouch：小袋）内に収納してい
ます．これらの電極は，帯状または四角形の薄い電極となっています．

● 電池製造とパウチ・セルの組み立て
　図4-1に電池製造工場での各工程を示します．
▶電極合剤の調合
　電池の生産は，電極の製造から始まります．
　正極は$10\mu \sim 15\mu$m厚みのアルミニウム箔集電体上に，負極は10μm程度の厚
みの銅箔集電体の上に，それぞれ正負極の合剤が所定の厚み（面積当たりの容量）で
塗工されています．
　正極合剤は，$LiCoO_2$などの活物質，アセチレンブラック（AB）粉末や黒鉛粉末の
導電材とポリフッ化ビニリデン（PVDF）などのバインダ（結着剤）の3者から構成さ
れています．

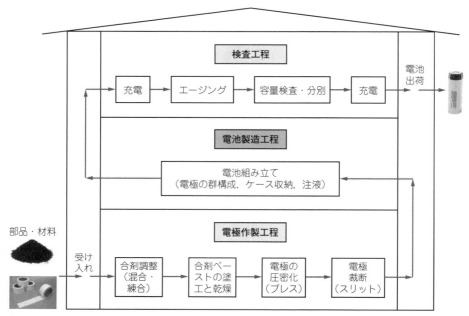

[図4-1] 電池製造工場のイメージ図

　負極は負極活物質(ほとんどが黒鉛材)と，PVDFあるいはブタジエン系ポリマー(SBRやNBRなど)のバインダから構成されています．導電材としてABを添加する場合もあります．

　電極製作の工程例を図4-2に示します[1]．

　合剤の調合は，正負極とも上記の材料を有機溶媒や水などの溶剤とよく混合/攪拌して，ペースト状にします．次の工程で，このペーストを走行するそれぞれの正負極の箔(集電体，芯材)に塗工(コート)して，電極を製造します．

▶電極塗工

　塗工方法には大きく2種類の方法があります．

　1つはダイ・コート(Die，Dice：金型)方式と呼ばれ，外部タンクから供給されたペーストがダイの内部にある空洞を通り，一部に設けられた細長い出口(スリット)から集電箔上に連続的に塗工されます．量産向きの方法です．

　他の1つは通常コンマ・コートと呼ばれ，ペースト溜めに回転するドラムの一部を浸し，対向したドラム上に設けた断面形状がコンマ形の突起で，付着したペーストをかき落として塗工厚みを制御し，付着したペーストを集電箔上に転写します．製造する電極は幅が600 ～ 1200 mm程度あり，これが高速で数十～ 100 mの長さ

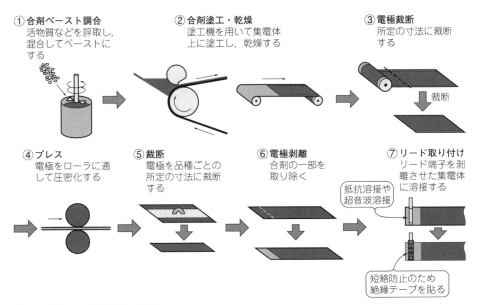

① 合剤ペースト調合
活物質などを評取し，混合してペーストにする

② 合剤塗工・乾燥
塗工機を用いて集電体上に塗工し，乾燥する

③ 電極裁断
所定の寸法に裁断する

裁断

④ プレス
電極をローラに通して圧密化する

⑤ 裁断
電極を品種ごとの所定の寸法に裁断する

⑥ 電極剥離
合剤の一部を取り除く

⑦ リード取り付け
リード端子を剥離させた集電体に溶接する

抵抗溶接や超音波溶接

短絡防止のため絶縁テープを貼る

[図4-2]⁽¹⁾ **電極製作の工程例**

を流れます．

図4-3に塗工工程の例を示します．

▶電極の乾燥

電極は乾燥工程に移行します．

基本的に温風乾燥方式です．塗布物を直接加熱すると，表面では温度が上昇し溶媒が蒸発して成膜が始まる一方，内部では対流により合剤成分が移動（マイグレー

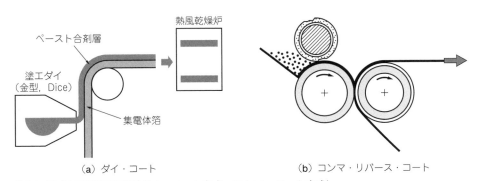

ペースト合剤層

熱風乾燥炉

塗工ダイ
（金型，Dice）

集電体箔

（a）ダイ・コート

（b）コンマ・リバース・コート

[図4-3] **電極の塗工工程**（ダイ・コート方式，コンマ・コート方式）
金型（ダイ）に設けたスリットからペーストを押し出して集電体に塗工する方式と，ドラム上に確保した一定厚みのペーストを集電体に転写する方式などがある

ション)して，組成が不均質になるため，この直接加熱方式は適切ではありません．

　そこで，最初に電極全体を加温し，全体が一定温度に達したら乾燥を始める方法をとります．溶剤がある程度蒸発して，合剤ペーストの流動性がなくなった時点から一気に乾燥させます．

▶電極の管理

　電極での容量の管理は重量法で行います．

　乾燥した電極を一定面積で打ち抜き，その重量から設計仕様に合致しているかを検査します．合格の場合は，その条件で塗工し乾燥して，最後に電極をリールに捲き取ります．裏面も同様に塗工します．

　通常，正極は活物質がX線に吸収されやすい原理を利用して，塗工前後のX線坪量やβ線坪量から，塗工条件が設計値に適合しているかをインラインで管理しながら製造しています．電極厚みも同時にインラインで計測して管理しています．

▶電極の圧密化

　次に，電池の設計仕様に適合するように，電極を大きなローラの間に通して，所定値まで圧密化します．この際に電極の表面の平滑度も管理しています．過大な活物質粒子の混在や材料の混合分散が不適切な場合には，電極に凸部が生じ，電極群の組み立て時に $15 \sim 20\,\mu m$ 厚みのセパレータが破損するのを防ぐためです．

　この電極作製工程での管理項目を**図4-4**に示します．

● **電池の組み立てと環境管理**

　次は，電極群の組み立てと注液，化成の工程へ続きます．

　正負極を所定のサイズに裁断し，電流を取り出すリードを溶接します．このあと，これらの電極はセパレータを介して捲き取る，または積層して，それぞれの筐体(ケース)内に収納し，絶乾近くまで乾燥します．

　乾燥後に電解液を数回に分けて注液します．このあと，電池を $0.2C$ 程度の小電流で充電し，この過程で負極でのSEI形成に伴って発生するガスを系外に排気します．シール(封口)を行って，電池が組み上がります．

　電池の組み立て工程は数十ppm以下の水分環境です．湿度管理は非常に重要で，材料や部品が吸湿すると，後々電解液の分解などによって電池の抵抗値が増大します．特に，高容量のNi含有率が高い正極材料は水分に敏感なため，その取り扱いと管理を一段と厳しくしています．

▶電池の化成

　最後に，電池の化成を行います．

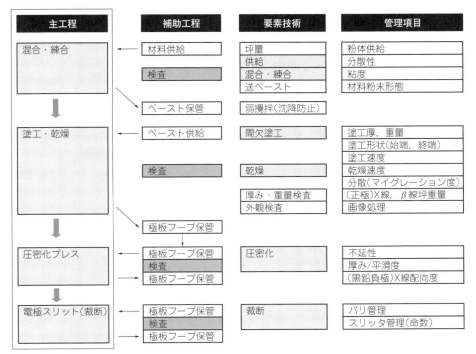

主工程	補助工程	要素技術	管理項目
混合・練合	材料供給 検査	坪量 供給 混合・練合 送ペースト	粉体供給 分散性 粘度 材料粉末形態
	ペースト保管	弱攪拌(沈降防止)	
塗工・乾燥	ペースト供給 検査	間欠塗工 乾燥 厚み・重量検査 外観検査	塗工厚，重量 塗工形状(始端，終端) 塗工速度 乾燥速度 分散(マイグレーション度) (正極)X線，β線坪重量 画像処理
	極板フープ保管		
圧密化プレス	極板フープ保管 検査 極板フープ保管	圧密化	不延性 厚み/平滑度 (黒鉛負極)X線配向度
電極スリット(裁断)	極板フープ保管 検査 極板フープ保管	裁断	バリ管理 スリッタ管理(命数)

[図4-4] 電極製造の流れと管理

　電池はこのままの状態では公称容量が出ません．そこで活物質を活性化し，かつ電解液を電極群全体によく浸透させるために，比較的小さい電流で充放電を数回繰り返します．これを化成(formation)と呼びます．設計した容量が確認できたら出荷段階に移ります．

4-2	電極部材の選定と電極の管理

　本節では，正負極となる各ペーストの構成材料の選定と塗工した電極の管理について解説します．また，ペースト調整時に重大な問題となるゲル化現象を近年進行中の高いNi比率の正極活物質との関係から解説します．

■ 正負極を構成する材料の選定

　正極と負極には充放電に伴って，電子と$Li^+ PF_6{}^-$が出入りします．そのためには正負極とも，相応の電子導電性と空隙が必要となります．

● 正極材料と構成

LCOをはじめとする正極材料は，電子導電率が半導体領域$(10^3 \sim 10^{-8}\,\text{S/cm})$にあります．そのため導電助材として，アセチレンブラック(AB)や黒鉛を導電パーコレーションが起こる程度(数%)添加します．正極の電位が高いため，導電材には酸化や溶出が生じない構造と純度が必要です[2]．

LFP(LiFePO_4)は例外で，耐熱性に優れますが，粒子内部でのLi^+の拡散が極めて遅い物質です．この材料を採用するには微粒子化($1\,\mu\text{m}$前後)するほかなく，しかも絶縁体に属するので表面に$1 \sim 5\,\text{nm}$厚の導電性炭素被覆を通常施しています．

さらに粒子間に導電網を形成する目的でVGCF($\phi\,0.15 \times 8\,\mu\text{m}$)などの炭素繊維を添加します．極小径で長い炭素繊維を合剤ペースト中で均質分散させるにはノウハウがあり，間違えると"ダマ"となって目的を果たせません．

この後，これらの材料を結合し一体化するバインダ(結着剤)を混合します．ただ，正極が高電位のため適当な材料がなく，現状はポリフッ化ビニリデン(PVDF)を用いています．このPVDFは"曲者"です．最近では高電位に耐えるアクリル系材料の報告も出ています．

● 負極材料と構成

負極のほとんどが黒鉛材で，自身に導電性を備えています．バインダには還元に強いブタジエン系ポリマ(SBRやNBRなど)が用いられています．当初は，グレードは違いますが，正極と同じPVDFバインダを用いていました．しかし，有機溶媒を必要とするため，材料や設備のコストからブタジエン系にシフトしました．

このバインダは，直径$130\,\text{nm}$程度のポリマ球体を水に分散させた懸濁体となっています．このため負極ペーストを作る際には，増粘剤としてカルボキシメチルセルロース(CMC)やアクリル酸類などが必要になります．活物質を最大限に利用するために，バインダと増粘剤は合計しても3%程度と少量です．

負極材でLTOは絶縁体で，Li^+の拡散も遅いため超微粒子化($1\,\mu\text{m}$未満)し，導電材に黒鉛を用いています．PVDFバインダを採用していますが，アクリル系バインダが良好という報告もあります．

■ 合剤ペーストの調整① …難しいのはPVDF

● PVDFバインダの溶解と管理

正負極のバインダに用いられているPVDFを常温で溶解できる有機溶媒は，数種類に限られます．使用されている溶媒はほとんどがN-メチルピロリドン(NMP)です．

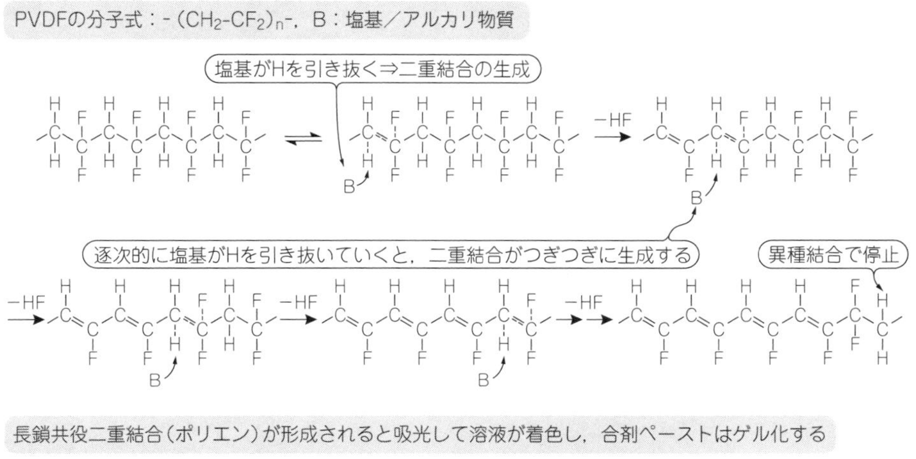

PVDFの分子式：-(CH₂-CF₂)ₙ-,　B：塩基／アルカリ物質

塩基がHを引き抜く⇒二重結合の生成

逐次的に塩基がHを引き抜いていくと, 二重結合がつぎつぎに生成する　　　異種結合で停止

長鎖共役二重結合（ポリエン）が形成されると吸光して溶液が着色し, 合剤ペーストはゲル化する

[図4-5]⁽³⁾　PVDFのポリエン化反応と合剤ペーストのゲル化

　NMPは, 健康面と環境負荷の点で課題があるため, 相応の管理の下で使用されます. さらに保管が不十分だと, 光や水分の混入により変質します. 特に, 気温が高い梅雨期は要注意で, 塩基性のアミン類が生成すると, **図4-5**に示すペーストの"ゲル化"を起こすことになります⁽³⁾.

　PVDFは白色の粉末で, NMPに溶解して使用します. この溶液を作るにはノウハウがあります. ごく少量のPVDFを加温・撹拌しながらNMPに加えていかないと完全溶解には至らず, "透明なカエルの卵"状態となってしまい使えません.

　このため, PVDFメーカが調整した溶液を購入して使用するのがほとんどで, 使用量は2％程度です. 負極と正極では分子量などのグレードを変えて用います.

● SBR-CMC系バインダの取り扱い

　特に難しい点はありません. 1％のCMC水溶液を作る際には, ごく微量ずつをよく撹拌しながら添加することです. SBR-CMCの混合量は3％程度です.

■ 合剤ペーストの調整② …高Ni比率正極材料と合剤ペーストのゲル化

● 難しいのは高Ni含有正極材料

　現在, モバイル機器の電池の正極はほとんどがLCOです. 電動車（xEV）には高容量・高エネルギの観点からNCAやNCM523, 622などの高Ni比率の材料が採用されています. この傾向は今後さらに強まります.

　問題は, この高Ni比率の正極ペーストをPVDFバインダを用いて調整する場合

[表4-1] 高Ni比率のニッケル酸系化合物の物性と特性

NCM 略称	構成元素の価数[(*)]			カチオンミキシング率 [%][(*)]	比容量 [mAh/g]	体積エネルギ密度 [Wh/L]
	Ni	Co	Mn			
$LiCoO_2$ (LCO)	–	3 +	–	–	145	2,780(100)
333	2 +	3 +	4 +	–	160	2,736(98)
424	–	3 +	4 +	–	–	–
433	2 +	3 +	4 +	2.0	165	–
523	–	3 +	4 +	–	170	2,907(105)
502525	2 + /3 +	3 +	4 +	2.8	173	2,958(106)
622	少量2 + /3 +	3 +	4 +	3.8	180	3,078(111)
701515	–	–	–	–	195	3,335(120)
811	3 +	3 +	3 +	4.5	200	3,590(129)
NCA	3 +	3 +	3 +	–	190	3,235(116)

NCMの略称：例えば433の場合，$Li(Ni_{0.4}Co_{0.3}Mn_{0.3})O_2$を意味する．
NCA：$Li(Ni_{0.8}Co_{0.15}Al_{0.05})O_2$

に生じる現象です．LCOやNi含有比率の低いNCM材料では，よほどのことがない限り，問題となることはありません．

▶合剤ペーストのゲル化

表4-1に示すように，高Ni系活物質では，電荷バランスからNiは3 + となり，ヤーン・テラーイオン（p.130の**コラムA**参照）となるため，自身が不安定化します．このため合成が難しく，また高温合成によるLi原料の蒸発に伴うLi層へのNiの混入（カチオンミキシング）を防ぐために，活物質の合成時にはLi原料を定比よりも少し多めに仕込みます．

したがって生成物には，表面に炭酸リチウム（Li_2CO_3）などの形でアルカリ成分が残留することがあります．アルカリ成分があると，ペースト作製時にPVDFから**図4-5**のようにHとF原子を引き抜きます．

前述のアミン類も同様の反応を起こします．HとFを逐次的に引き抜かれたPVDFは，その部分が二重結合となってポリエンを形成します．その結果，NMP溶媒に溶解しなくなって全体がゲル化します．こうなると合剤ペーストとしては使えません．材料の管理が不十分だった場合によく起こる現象です．

▶ゲル化対策に添加剤の出番

ペーストのゲル化が起こると電極ができず，現場は作業中止となって一大事です．その対策には，混入したアルカリや塩基を"消す"反応を利用します．

ペースト調整時に，少量のマロン酸やマレイン酸などの有機酸を添加して中和し，

サイクル特性	電流特性	熱安定性 （充電品）	高温保存性	主な用途
○	○	△	○	モバイル機器
○	○	○	○	電動バイク 電動アシスト自転車 電気自動車(HEV，BEV)
○	○	○	○	
○	○	○	○	
○	○	○	○	電気自動車(PHEV，BEV)
−	−	−	−	
△	△	△	△	
−	−	−	−	
×	△	×	△	
○	○	△	○	ノート・パソコン 電気自動車(BEV)

○：優，△：良，×：不良　（＊）K.-S. Lee et al., J. Electrochem. Soc., 154, A971-A977(2007年)

ゲル化を回避します．作った電極の特性にはほとんど影響を及ぼしません[4]．ただ，合剤ペーストのポットライフ(貯蔵寿命)を延ばすには，活物質自身のアルカリ度(pH)を下げる方法を採用しています．

● **高Ni比率電極の保管と管理**

　作製した高Ni比率の電極は，Niが3＋のため2＋となって安定化へ向かう傾向があり，これに伴って図4-6に示すように水分や炭酸ガスと反応しやすくなります[5]．これは電極の劣化につながります．

　作製後の正極は，電池組み立て時まで外部環境から遮断し，低露点の環境で保管する必要があります．

$Ni^{3+} + O^{2-}$（格子）$\rightarrow Ni^{2+} + O^-$ ……………… (1) ヤーン・テラー効果による反応
$O^- + O^- \rightarrow O^{2-}$（活性）$+ O$ ………………… (2) 不均化反応
$O^- + O \rightarrow O_2^-$ または $O + O \rightarrow O_2$ ………… (3) 後続反応
O^{2-}（活性）$+ CO_2/H_2O \rightarrow CO_3^{2-}/2OH^-$ ……… (4) 大気中での反応
$2Li^+$（表面）$+ CO_3^{2-}/2OH^- \rightarrow Li_2CO_3/2LiOH$ … (5) アルカリ化合物の生成

→式(5)で生成したアルカリ化合物が正極ペースト
　調整時にPVDFの変質を引き起こす

[図4-6][5]　**高Ni系ニッケル酸化物(NCM，NCA)表面でのアルカリ生成**

ヤーン・テラー（Yahn-Teller，J-T)効果とその影響

LiCoO₂(LCO)やNCM，LiMn₂O₄(LMO)など多くの酸化物系の正極活物質では，遷移金属元素のCoやNi，Mnが重心に位置し，酸素(O)を各隅に6個配位した8面体構造をとっています．これらの遷移金属で5重に縮退していたd軌道は，結晶場理論では図4-Aのように，3重に縮退したt2g準位と，2重に縮退したeg準位に分裂してエネルギ的に安定化します．

現状ヤーン・テラー(Yahn-Teller)効果が問題となるのは，Ni^{3+}イオンをもつ高Ni比率のNCMおよびMn^{3+}イオンがあるLMOで，図4-Aのようにeg準位(dx^2-y^2軌道，dz^2軌道)に電子が1個ある場合です．

この環境では，8面体構造の隅にある配位子の酸素は2p軌道に電子があるため，$x-y$軸またはz軸上で互いの電子同士が向き合う形となります．この静電反撥により，正8面体は容積一定の下で，①$x-y$軸方向に縮み，z軸方向に伸びるか，または②$x-y$軸方向に伸びてz軸方向に縮むかにより，結晶構造の安定化を図ることに

[図4-A] 3価の遷移金属元素が正8面体構造(LiCoO₂，LiNiO₂，LiMn₂O₄)をとったときの電子配置

ちなみに，高Ni比率では究極の材料であるLiNiO₂の合成が難しい理由は**コラムB**(p.132)を参照してください．

4-3 | # 正負極のサイズと容量の差異化

「負極が正極よりも大きい」という電極の設計は，リチウムイオン電池の技術者には，まさに自明，つまり"あまりに当たり前"です．しかし，他分野の技術者には"不思議な設計"という印象でしょう．

この事実は電池を解体して採寸しない限り，確認できるものではありません．この設計は電池の信頼性と安全性に大きな影響を及ぼす重要なポイントです．一方で，電池メーカの設計力と製造技術力を推測できる指標でもあります．

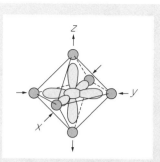

[図4-B] 正8面体配位
でのヤーン・テラー効果

なります.

　実際には**図4-B**のように，x軸とy軸方向が縮み，z軸方向に伸びて，構造が"歪む（ヤーン・テラー効果）"例が圧倒的に多いとされています[*]．しかし，エネルギ的にNiとMnは3価でいることは有利ではなく，いずれも安定な2価に戻ろうとします．

　$LiNiO_2(Ni^{3+})$の単相の合成が難しいことや，LMOでMn^{3+}が不均化してMn^{2+}とMn^{4+}に向かおうとするのはその例であり，結果は最終的に電池性能の低下として現れます．Ni系でCoを導入してNi^{2+}のLi層への混入（カチオンミキシング）を抑制したり，LMOでMnの一部をAl^{3+}で置換してMn^{3+}の濃度を下げることで構造の歪みを緩和して電池特性への影響を低減化しています．

　このような性質をもつNiやMn元素が充放電で3価を経由するたびに結晶構造に負荷がかかるのは，サイクル特性にも好ましくありません．

◆参考文献◆

（＊）中平光興；結晶化学, pp.168 - 174, 丸善, 1984年.

■ 正負電極のサイズは同じではない

● 黒鉛系の負極は，正極よりも大きい

　負極に黒鉛系の材料を用いたリチウムイオン電池，特に民生やPT，電動車(xEV)用電池のすべてで，負極の電極寸法は正極よりも大きくなっています．

▶負極が正極より0.5 〜 1 mm大きい

　捲回型の電極では長尺の上下で，積層型では縦横の寸法が，**図4-7**のように負極が正極よりも0.5 〜 1 mm大きくなっています．実例は第3章の図3-6を参照してください．この設計は，電池の信頼性と安全性に大きな影響を及ぼす金属Liの負極への析出を最大限回避する工夫です．数値に幅があるのは，用途に適した炭素材の種類と充電条件だけでなく，電池メーカの技術力と製造力に関係しています．

Column（B）

LiNiO₂の合成は難しい …LiCoO₂は容易

高Ni化合物の究極であるLiNiO₂は，放電比容量（190 mAh/g）が大きいですが，一方で，次のような短所があります．

① 定比の合成が難しい
- LiNiO₂のNi³⁺は，J‐Tイオンのため不安定で，Ni²⁺に変化しやすい（大気中でなく酸素中で合成する）
- Li⁺とイオン半径が近いNi²⁺原子はLi層に落ち込みやすく，充放電でのLi⁺の拡散を阻害する
- Niの落ち込みを防止するため，Li過剰の仕込みで合成するが，アルカリ不純物が残りやすい．アルカリ不純物は練合工程でPVDFバインダーを変質させてゲル化し，電極作製ができなくなる
② 充放電で構造が不安定化する（Liの挿入/脱離過程で複雑な相を経由するため）
③ 充電品は熱安定性が低い（充電生成物のNiO₂は不安定性）

一方，CoはNiと完全固溶することに加え，NiのLi層への落ち込み（カチオンミキシング）を抑制し，結晶構造を平滑化する効果があります．これを利用し，さらに構造安定化と熱安定性を有するMnを導入したNCM系化合物の合成に至っています．

当初のNCM333からスタートし，高容量化，つまり高エネルギ密度化へ，Ni含有量を大きくする研究開発が近年精力的に行われています．それに伴って，バインダにPVDFを用いた場合に正極ペーストのゲル化トラブルが起こる傾向にあります．

LiNiO₂の酸素および大気中での合成に関しては，その生成過程を研究した岡田昌樹氏が博士論文（佐賀大学，2000年）に詳しく論述しています．

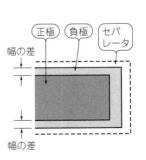
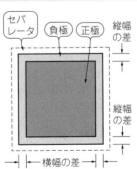

[図4-7] 正，負極のサイズ差（電極群正面図）
充電時に負極での金属Liの析出を回避するため，ほとんどのリチウムイオン電池は負極が正極よりも大きい

(a) 捲回型電極の場合（電極の大きさの差異を示すためにセパレータは模式的に描いている）

(b) 積層型電極の場合（電極の大きさの差異を示すためにセパレータは模式的に描いている）

▶xEV用の電池

　特筆すべきはxEV用の電池です．この電池では**写真4-1**と**図4-8**(6)に示すように，3〜6mの長さで，10〜20cm幅の電極を，負極の合剤部が正極の合剤部よりも全長にわたって幅方向で2〜3mm外に出た形で整然と捲回しています．

　正負極で，このズレを確実に確保しながら長尺物を捲回するという，これだけでも技術的に極めて困難な上に，さらに捲回した電極の未塗工（裸）の集電体部分を束ねる形で，ほぼ全体から集電しています．捲回して厚みを持った長尺電極の外部か

充放電時の放熱を良くするため幅広の形状．電槽内に捲回した電極群が収納されている

電槽（ケース）はEVの種類（電池の利用形態）により，ステンレスまたはアルミニウム製の缶を採用している

（a）電池

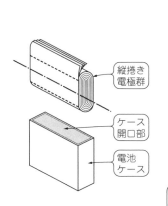
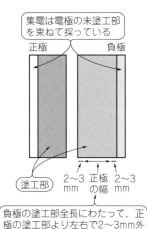

集電体の未塗工部（耳）を束ねた形で溶接している

正極は超音波，負極は抵抗溶接方式を採用．いずれも縦巻き方式の電極群構成

（b）正極（左）と負極（右）の集電の例

[**写真4-1**] **電動車**（xEV）**用セルと正負極の集電方式の例**

縦捲き
電極群

ケース
開口部

電池
ケース

集電は電極の未塗工部を束ねて採っている

正極　　　　　負極

塗工部

2〜3
mm

正極
の幅

2〜3
mm

負極の塗工部全長にわたって，正極の塗工部より左右で2〜3mm外に出る形で，縦に捲回する

[**図4-8**](6)　**電動車**（xEV）**用セルと正負極のモデル図**

（a）電池と電極群

（b）電極のモデル

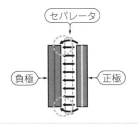

正極のエッジ（端）部からの電流線の回り込みがあるので，負極のエッジ部は収納能力以上のLi^+を受け取ることになり，金属Liとなって析出する

(a) 正負極が同一幅の場合
（電流線の流れを模式的に示した）

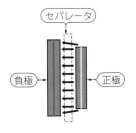

電流の回り込みがあってもLi^+をきっちり収納できるので，金属Liの析出は避けられる

(b) 負極幅が正極より大きい場合
（電流線の流れを模式的に示した）

[図4-9] 充電時の電解液中の電流線（Li^+の流れ）のモデル（電極群断面）

ら，合剤部のズレを確保しつつ集合させ，その上で未塗工部を溶接するという，極めて高度な技術を用いています．驚くべき技量です．この点では，積層方式が作業面，工程管理上で有利と考えられます．

▶負極の電極寸法が正極よりも大きい，原理的な理由

充電時には，Li^+が正極から負極へ移動しますが，この際に，電極のエッジ（端）部には図4-9(a)のように電解液中では電流線が回り込むため，電流（Li^+）の局所集中が起こります．

このため，負極の端部ではLi^+を収納しきれなくなって，金属Liが析出する結果になります．しかし，この部分の寸法を大きくすると，図4-9(b)のように電流線が分散されるので，金属Liの析出を回避できます．

ただ，チタン酸リチウム（LTO，$Li_4Ti_5O_{12}$）を負極に用いる場合は，このようにはなりません．

● **LTO負極では，正極が大きい？**

LTOを負極に用いたリチウムイオン電池では，負極のサイズを正極より大きくする必要はありません．ただし，負極の容量は正極より大きいことは必要です．

▶理由1

LTOの充放電電位は1.4 V付近にあり，金属Liが析出する0 V以下までには大きな電位差がある．つまり，金属Liが析出するまでに広いマージンがあり，仮に，充電時に負極が極端に分極することがあっても，金属Liが析出する前に，集電体

注1：炭素系負極の場合は，銅（Cu）製の集電体を使用しているが，CuはLiとは合金化反応は起こさない．さらに，AlはCuに比べて安価で軽量．

に用いたアルミニウム（Al）$^{(注1)}$箔がLi$^+$と合金反応を起こして，充電時に正極から移動してくるLi$^+$を吸収し，消費してしまいます．

▶理由2

LTOは放電すると，絶縁体に戻るため微粒子化でき，実際に0.5 μm程度のものが使用されています．微粒子はその総表面積が大きいので，Li$^+$の収納に有利な上に，充電時のLi$^+$の収納が炭素材に比べて円滑に進みます．つまり大電流での充電が可能なため，金属Liが析出することがありません．

ちなみに，黒鉛では民生用には安全性の観点から粒径が20 μm程度のものが使用されています．

実際にLTOを用いた電池では，負極の幅は正極より大きくはなく，むしろ理由1，理由2から少し小さい程度です．LTOの特性は第3章第3節を参照してください．

■ 負極容量と正極容量の比…Q_N/Q_P

● リチウムイオン電池に正負極の容量比がある

負極に炭素材を用いたリチウムイオン電池では，電極サイズだけでなく，対向する正負極の単位面積当たりの容量（mAh/cm^2）の比は1：1でなく，用途で変えています．ここでも負極での値を大きくしています．

正，負極の面積容量密度をそれぞれQ_P，Q_Nとすると，Q_N/Q_P値は，民生用で1.05 〜 1.3，xEV用では2前後まで大きくなっています．この理由も低温環境下での充電の際に，負極が円滑にLi$^+$を収納し，負極上にLi析出が発生するのを回避するためです．

その背景は，電池が満充電に近くなると，炭素負極の電位は0 〜 0.1 V付近になり（第1章 図1-25参照），金属Liが析出する条件に近い位置にあります．このとき大電流や低温環境下で充電すると，炭素系，特に黒鉛系はLi$^+$の収納能力が低いために分極し，負極は金属Liの析出電位の0 V以下になってしまいます．

この場合，負極の容量を正極より，ある程度大きくしておくと，Li$^+$の収納力に余裕があるので，分極しても負極の電位が0 Vを割ることが回避されます．金属Liの析出が起こることがありません．

この数値に幅があるのは，アプリの動作特性と充電条件のほかに，電池部材の特性を把握したメーカの設計技術力を反映しているということができます．数値が低いほうが，電池メーカの技術力が高いといえますが，安全性からは数値が大きいほうが当然有利です．

その最たるものが，HEV用の電池です．HEVやPHEVでは入出力で30 C程度，

またはそれを超える電流が流れ，－30℃の低温環境での要求もあるので，黒鉛負極を採用する場合には，負極容量を正極の2倍前後にまで大きくして，金属Li析出のリスクを回避しています．

● 正負極の容量比は，どの電池でも1：1ではない

　ちなみに，リチウムイオン電池だけでなく，一次電池でも二次電池でも，正極と負極の容量は等量ではありません．仮に，同じ容量に仕込んでも，充放電時の分極特性には優劣があるので，正負極が対称的な挙動をすることは通常ありません．

　そこで，その電池系ごとに，安全性や信頼性など重要視する項目から，どちらかの電極の容量を大きくしています．

4-4	間欠塗工電極とテーピング

　コンサル会社や分析機関が出したリチウムイオン電池の解析報告を目にされたことがあると思います．本節では，正負の両電極を塗工面から見ていきます．

■ 電極の表裏で，合剤の位置がずれている

　捲回構造をとる18650などの円筒形電池では，正負極とも集電体の両面に合剤が塗工してあり，表面と裏面では塗工の位置が微妙に"ずれ"ているのに気づいた方も多いと思います．このずれは，正負極をセパレータと共に捲回するとき，中心部（捲芯）から外側に移るにつれて曲率が変わるため，正負極が正しく対向するように塗工した結果，つまり"設計の技"です．

　特に，充電でLi$^+$を放出する正極の対面には，収納先である負極が必ずあるように設計されています．捲回で生じる曲率差を計算に入れて，表裏面を塗工しています．大手メーカ2社の電池を図4-10と図4-11にそれぞれ示し，具体的に解説します．

● 上市当初の正負極塗工面

　リチウムイオン電池の上市当初は，正極も負極も合剤を集電体の全面にベタ塗りし，電池のサイズに合わせて裁断した後に，正負極とも合剤を所定の位置で剥離して，その部分にリードを溶接していました．

　その際，負極は黒鉛なので柔らかく，集電体は銅（Cu）なので硬くて強いため，合剤の剥離はまったく容易です．一方，正極は活物質が高温焼成の酸化物なので硬く，集電体は柔らかく薄いアルミ（Al）箔のため，圧密化のプレス工程で活物質が

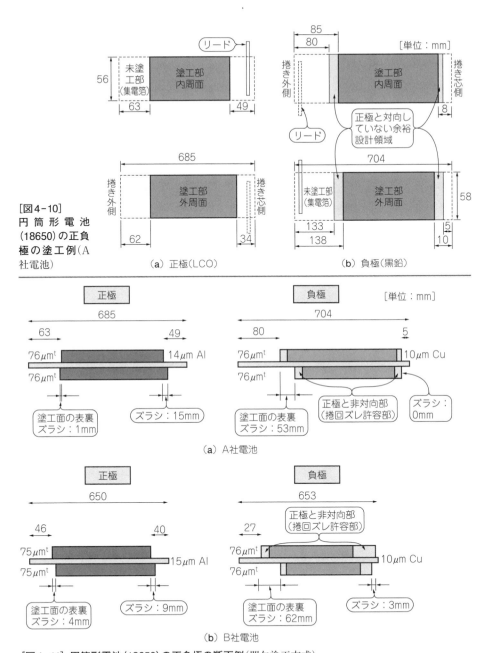

[図4-10]
円筒形電池 (18650) の正負極の塗工例 (A社電池)

(a) 正極 (LCO)

[単位：mm]

未塗工部 (集電箔) | 塗工部 内周面 | リード
56
63 | 49

塗工部 外周面
捲き外側 | 捲き芯側
685
62 | 34

(b) 負極 (黒鉛)

[単位：mm]

85
80
捲き外側 | 塗工部 内周面 | 捲き芯側
リード
正極と対向していない余裕設計領域
8

704
未塗工部 (集電箔) | 塗工部 外周面 | 58
133
138 | 5
10

(a) A社電池

正極
685
63 | 49
$76\mu m^t$ | $14\mu m$ Al
$76\mu m^t$
塗工面の表裏 ズラシ：1mm
ズラシ：15mm

負極
[単位：mm]
704
80 | 5
$76\mu m^t$ | $10\mu m$ Cu
$76\mu m^t$
塗工面の表裏 ズラシ：53mm
正極と非対向部 (捲回ズレ許容部)
ズラシ：0mm

(b) B社電池

正極
650
46 | 40
$75\mu m^t$ | $15\mu m$ Al
$75\mu m^t$
塗工面の表裏 ズラシ：4mm
ズラシ：9mm

負極
653
27
$76\mu m^t$ | $10\mu m$ Cu
$76\mu m^t$
正極と非対向部 (捲回ズレ許容部)
塗工面の表裏 ズラシ：62mm
ズラシ：3mm

[図4-11] 円筒形電池 (18650) の正負極の断面例 (間欠塗工方式)
電極を捲回する際に，正極が負極に完全に対向する設計で，集電体の表裏に間欠的に塗工している

Al箔集電体に食い込んでしまい，剥離作業には相当の注意が必要で困難でした．

■ 間欠塗工の必要性

このような状況から，捲回構造の電池では，間欠塗工方式を採用することになりました．間欠塗工とは，電極合剤のペーストを集電体に塗工する際に，コンピュータ制御によって，ペーストを塗工ダイ（**図4-3**参照）から間欠的に吐出させる方式です．

当然のことながら，ペーストの吐出作業は電池サイズ，具体的には電極の長さと幅，リード取り付け位置などを正確に計算した上で行います．

間欠塗工方式を採用すると，当初の人による剥離作業に伴う煩雑さと電極の歩留まりが改善します．剥離合剤片の混入などを検査する工程管理の質も向上します．

● 間欠塗工の技術的難しさ

ただ，良いことばかりではありません．間欠塗工ではコンピュータ制御でペーストタンクにつながった吐出ポンプを動かし，塗工ダイのスリット（隙間）からペーストを集電体上にパルス的に塗布します．そのため**図4-12**に示した塗工現象が起こりやすくなります．

つまり，塗工のON - OFF時にペーストの吐出圧が立ち上がったり，立ち下がったりする結果，塗工部が"盛り上が"ったり，"盛り下が"ったりする傾向にあります．これには配管の工夫やアキュムレータの導入などにより加圧を平均化することで改善できます．

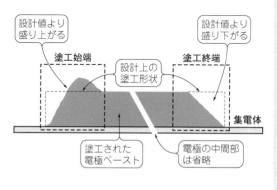

①塗工には，通常，ダイコータを用い，正または負極のペーストを集電体の片面に間欠塗工法で塗工し，乾燥を経てリールに巻き取る．続いて，集電体の裏面にも同様にして間欠塗工を行う

②「間欠塗工」は，電極の全面にベタ塗りするのではなく，捲回構造での塗工位置を計算して，塗工する部分としない部分とを制御して行う．集電体の表裏で塗工位置が異なる．この塗工法により，正負極を捲回する際に正負極の反応部は正確に対向する．次工程のリード取り付け作業での煩雑かつ困難な合剤剥離作業がないぶん，効率的となる．ただ，パルス方式および高速での塗工のため，始端と終端では盛り上がりや盛り下がりが起こりやすい

[図4-12] 電極の間欠塗工とその効果・課題

■ 電極ではどう対応しているか

● 電極とテーピング

このまま電極に手直し（修正）を加えないで電池を組み立てると，電池内での微小短絡や負極上にLiデンドライトが発生するなどの不具合が起きてしまいます．

▶負極

材料の黒鉛が柔らかく，変形しやすいので"盛り上がり"部が問題となることはさほどありません．一方の"盛り下がった"部分は活物質の黒鉛が少ないため，対向する正極からくるLi⁺を全量収納することができず，残りはLiデンドライトとなって析出し，さまざまな不都合を引き起こします．

▶正極

"盛り下がった"部分は，単に活物質が少ないだけで大きな問題ではありません．しかし，"盛り上がった"部分は問題です．

第1に単位面積あたりに活物質量が多いので，そこに含まれるLi⁺量が多く，対向する負極がLi⁺を収納できずに，Liデンドライトが発生します．第2に，高容量化へ電極はプレスして圧密化しますが，正極材料は硬いため，"盛り上がり"部がそのまま凸部となって残り，電極捲回時にセパレータを破損する確率が高くなります．これは絶縁抵抗測定の工程で不良品となります．

● では，どうするか ～テープ貼りで"殺す"～

リチウムイオン電池の解析報告書には解体された電極の写真が載っていたと思います．電極の端部やリード部にテープが貼ってあったのを覚えていませんか？

あれは，上記の電極の塗工始端と終端の"盛り上がり"部と"盛り下がり"部とにテープを貼ることで，その部分を不活性化，つまり"殺し"て不具合部を消しているわけです．

ちなみに，使用しているテープは，機械的，化学的，熱的に高性能のエン・プラのポリイミド製です．謎解きができたでしょうか．

4-5	アプリケーションと電解液

リチウムイオン電池では，アプリケーションによって電解液を替えています．その理由は，用いる溶媒によって電池性能，特に低温性能が違ってくるからです．

[表4-2] 電解液溶媒の物性

分子の形状	環 状			鎖 状			鎖状・一次電池用
溶媒（略語）	エチレンカーボネート（EC）	プロピレンカーボネート（PC）	γ-ブチロラクトン（GBL）	ジメチルカーボネート（DMC）	ジエチルカーボネート（DEC）	エチルメチルカーボネート（EMC）	ジメトキシエタン（DME）
沸点 bp.[℃]	248	242	204	90	126	108	85
融点 mp.[℃]	36.4	− 49.2	− 43	0.5	− 43	− 55	− 58
密度 d[g/cm^3]	1.322	1.207	1.125	1.075	0.975	1.013	0.868
誘電率 ε	89.6	64.4	39.1	2.6	2.82	2.9	7.2
粘度 η[cP]	1.86	2.53	1.75	0.59	0.75	0.65	0.455
引火点 fp.[℃]	152	132	93	19	25	23	1
発火点 ip.[℃]	465	455	455	−	−	−	−

■ 電流を流す役目の電解液は何を基準に選ぶのか？

● ベースの炭酸エチレン（EC）に低粘度溶媒を混合

　リチウムイオン電池の電解液は，基本的に$LiPF_6$などのLi塩と有機溶媒から構成されています．充放電の際には，正負極の間にある電解液中をLi^+が行き来して，電流を運ぶ役割を担います．

　急速充電や大電流での充放電では，Li^+が大量かつ高速に電解液中を行き来します．
▶EC主体の電解液

　民生用と電動車（xEV）用電池では，ほとんどが負極に黒鉛を用いています．負極に黒鉛を使う場合には，Li^+が円滑で効率良く移動できるSEI（固体電解質界面層）を形成させるために，炭酸エチレン（EC）を一定量以上用いる必要があります．

　しかし，ECは表4-2に示すように，室温では固体で，溶融して液体になっても粘度が高い性質があります．このEC主体の電解液では，粘度の点からLi^+の高速な移動は期待できません．要するに，電流が取れにくいのです．

　そこで，電流が流れる，すなわちLi^+が高速に移動できるためには，電解液の粘度を下げる必要があります．つまり，電解液をサラサラにしなければなりません．具体的には，粘度の低い溶媒を混合します．このときリチウム一次電池で用いている有機溶媒は使えません．その理由は，リチウムイオン電池がもつ4Vの電圧に耐えず，酸化分解されるからです．

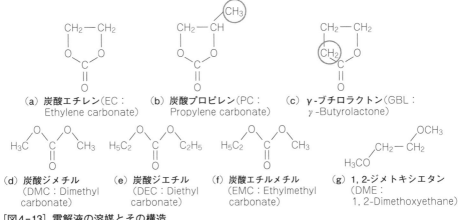

(a) 炭酸エチレン（EC：
　　Ethylene carbonate)

(b) 炭酸プロピレン（PC：
　　Propylene carbonate)

(c) γ-ブチロラクトン（GBL：
　　γ-Butyrolactone)

(d) 炭酸ジメチル
　　（DMC：Dimethyl
　　carbonate)

(e) 炭酸ジエチル
　　（DEC：Diethyl
　　carbonate)

(f) 炭酸エチルメチル
　　（EMC：Ethylmethyl
　　carbonate)

(g) 1,2-ジメトキシエタン
　　（DME：
　　1,2-Dimethoxyethane)

[図4-13] 電解液の溶媒とその構造

▶分子が鎖状のDMC，DEC，EMC

　4Vの電圧に耐え，しかも粘度が低い溶媒を探索した結果，新規に採用されたのが，**表4-2**と**図4-13**に示した，炭酸ジメチル（DMC），炭酸ジエチル（DEC）とそのハイブリッド構造をした炭酸エチルメチル（EMC）です．

　電解液は通常，ECに上記の低粘度溶媒を1ないし2種類混合して用いています．

■ 混合する低粘度溶媒とその比率はアプリ次第

● 低粘度溶媒と比率は，アプリと使用場所が決める

　長い間リチウムイオン電池の主力アプリであったノート・パソコンと携帯電話を中心に，これに電動工具とxEV（電動車）を加えた4者での適合性から説明します．

▶ノート・パソコン

　ノート・パソコンには，生産数が多く，大容量で比較的安価な円筒形電池（18650）を3直列2並列（3直2パラ）や2直3パラに組んだ電池パックを使用しています．ノート・パソコンを0℃付近の気温の低い場所で使うことはまずなく，一方でハードディスク（HDD）の始動には大電流が必要です．

　つまり，溶媒は融点が低い必要がなく，大電流用には粘度が低いほうが適することから，一般的なDMCを選択して高い比率で混合しています．

▶携帯電話

　携帯電話は，その利便性からスキー場など冬季の屋外でも使用することが多く，この場合は環境温度が低いので，融点の高いDMCは適しません．ここではDMCの代わりに，凝固点の低いDECを選択してきました．同様な使い方が想定される

通信機やAV機器, ゲーム機でもDECを用いた角形電池が採用されています.

ただ, 近年はDECに代わってEMCを採用していることが多くなっています. このEMCはリチウムイオン電池の上市時には存在しませんでした. EMCは図4-13に見るように, DMCとDECのハイブリッド型の構造をしており, その物性もそれぞれの長所を取り入れた形になっています. 新しくEMCが合成されて以降はDECよりも物性面でやや有利で, 酸化耐圧にも優れるため高電圧充電にも適切で, 相応の比率で混合した3元系電解液で使用されています.

▶スマートフォン

スマートフォン(スマホ)では, 本体の薄形に適合した, 比較的大形で大容量のパウチ形電池が搭載されています. 特に最近は長時間作動, つまり大容量化への要望から, 高電圧充電に加えて, 多量の活物質が緊密に充填されており, 電解液が浸透しにくい状況になっています.

そこでは電池の製造と品質管理の点から, 電解液の電極群への短時間で均質な浸透を図る目的で, 従来には見られなかった, 一段と低粘度の新規な溶媒が複数採用されています.

▶冬季の屋外でも使用する電動工具

低温環境ではDMCは不適というものの, 電動工具(PT)用のリチウムイオン電池には, DMC(融点mp = 0.5 ℃)を多量に混合する一方, Li塩濃度をやや高くしています. DMCは大電流に適した低粘度ですが, 凝固点(融点)が高い点からは一見不思議に思われますが, それでも不都合はありません.

その理由は, 次の副次的効果があるためです. 電池駆動のPT向けには, 内部抵

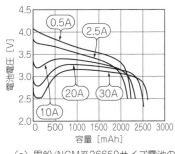

（a）黒鉛/NCM系26650サイズ電池の
　　−10℃での放電率特性

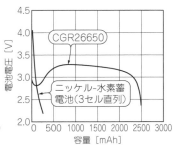

（b）黒鉛/NCM系26650サイズ電池と同サイズのニッケル-水素電池(3セル直列)の−10℃・20Aでの放電特性

電流特性と耐熱性に優れるNCMを用いた電動工具用の電池は, −10℃の極低温環境下での作業では20A〜30Aの大電流が流れ, 自身の抵抗により発生するジュール熱で電池が内部加温される. そのため, いったん降下した電圧は回復してほぼ完全放電できる. ニッケル-水素電池は電解液が凍結に近く放電できない

[図4-14]⁽⁷⁾　電動工具用リチウムイオン電池の−10℃での放電特性

抗を極力小さくし，大電流でも使用できる電池設計となっています．PTで使用する電池には－10℃の環境下でも20 A，30 Aの大電流が流れます．この大電流と自身の抵抗により，電池にはジュール熱(I^2R)が発生して内部から加温されてくるので，当初はいったん降下した電圧も次第に回復してほぼ完全放電が可能となります．その様子を図4-14[7]に示します．Li塩濃度が少し高いのは，電池特性が良化するのと電解液の凝固点が上昇して有利となるためです．

▶xEV用途

xEVは耐久年数が10年超を求められるため，搭載される電池も同様の耐久性が求められます．これらの要求を満たすには，電解液も必然的にリチウムイオン電池の歴史の中で実績に裏打ちされたものとなってきます．電解液は$LiPF_6$とEC-DMC-EMCの3元系溶媒からなるものがほとんどです．電解液の添加剤も実績優先です．

● EC-DMC-EMCの3元系電解液採用の兆し

結局，リチウムイオン電池では，負極に利点の多い黒鉛を採用する以上，電解液にECの使用は不可欠で，これに低粘度溶媒のDMCとEMCを所定の比率で混合した3元系溶媒を採用しているケースが非常に多くなっています．これは比率の面では多少異なるものの，電解液専門メーカが推奨するEC-DMC-EMCの3元系電解液に近い状況となっています．

ちなみに，有機電解液のイオン伝導度はアルカリ電解液など水系より2桁以上低い上に，充放電電流へLi^+が果たす寄与度（輸率）はイオン伝導度の4割に満たない現状です．そのため電流面での不利だけでなく，円滑な電池反応を阻害する濃度分極などを引き起こします．一方，第5章で述べるLi系の固体電解質は，Li^+の輸率が1のため，そのような阻害因子はありません．

4-6	出荷時の管理

ここまではリチウムイオン電池の製造と工程での管理を，電極の構成と部品材料の選択を中心に述べてきました．この節では，電池の出荷に際し，どのような検査や確認をしているか，いわゆる品質保証について説明します．

● 電池の品質保証

電池の出荷時には，容量と電圧，抵抗，重量，厚み，外観などを主として検査し

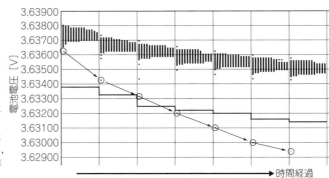

[図4-15][(8)] 微小短絡によるOCVの低下

1セルだけがエージング中にOCVの低下が大きい．つまり，このセルは微小短絡の可能性が高い

ています．

　容量は，蓄電池の場合，多くは25℃の環境温度にて$0.2C$（5時間率/5 HR）の電流で放電したときに，終止電圧までの容量を測定し，電池に定格容量として表示しています．

　抵抗は，交流インピーダンス法による周波数が1 kHzのときの値でカタログなどに記載しています．この1 kHzでの値は電池特性の定性的な目安です．交流インピーダンス法では，開回路状態の電池に微小な振幅交流電圧（±5 mV）を印加し，それに対応して流れた電流から，オームの法則を用いて算出しています．

　つまり，静的な状態にある電池での反応を測定した値なので，実際の充放電時の動的状態にある電池特性とは異なることが多いと考えられます．この違いについては第3章の急速充電/大電流用途での説明を参照してください．

▶重量/厚み

　通常の重量測定法です．厚みは，パウチ・セルの場合はセルの広い面の数か所を厚み計で測定します．

▶外観

　打痕などのケースのキズやへこみを目視します．最後に電池は熱収縮チューブ（包材）のジャケットで包装されます．この際も印刷の不良などを検査します．

▶OCV（開回路電圧）

　故障モードの代表的なものが「電圧不良」，つまりOCV不良です．

　図4-15に具体的な例を紹介します[(8)]．製造された電池の特定ロット[（注2）]のOCVの変化を時間軸でプロットしたものです．図では1セルのOCVだけが急速に低下

注2：電池は使用する材料や部品が同じ条件で作られた単位ごとに区分けされ，番号が付けられている．この単位をロット（lot）と呼ぶ．図4-15はその1ロットを取り出したもの．

しています．この電圧低下の挙動から，電池内部で微小短絡が起きていることが類推できます．

電池内での微小短絡は事象として比較的考えやすいものです．微小な短絡の有無を検出するために，この報告では$0.1\,\mathrm{mV}$（$100\,\mu\mathrm{V}$）の極めて小さい単位で管理しているようです．この際に，微小短絡した不具合電池を早期に見つけ出すために，通常$45\,°\mathrm{C}$程度の環境で貯蔵します．これは，微小短絡が原因となって起こる化学反応（このケースは消耗反応）が，高温では加速される原理を活用した，いわゆる加速評価試験です．

● 微小な内部短絡の発生メカニズム

ここで微小短絡が生じるメカニズムを説明します．

普通に考えられる電池の組み立て時，例えば電極の捲回時やスタック構成時，ケースへの収納時の極板の折れ曲がりによる不具合よりも，実際の多くは異物の混入が原因と考えられます．OCVが低下した電池を解体すると，変色部から短絡箇所が確認でき，機器分析に掛けると混入物質が特定でき，混入した工程もほぼ推定できます．

原因となる異物はほとんどが金属系です．実際には，原材料に含まれた金属粉や天井から落下し混入した鉄サビ，溶接玉や製造工場の製造設備の摺動部などから飛散し混入した金属粉などが原因の大半です．これらに対してはさまざまな対策を日常的に行っています．

▶高電圧で金属が溶出

リチウムイオン電池は電圧が高い，つまり正極の電位が$4\,\mathrm{V}$付近にあるので，正極部に金属片などが付着し混入すると，通常の金属は必然的に酸化され溶解します．電解液中に溶出した金属は，その後の充放電，例えば化成で負極上の特定箇所で析出します．混入量が多ければ，溶解と析出量も多くなり，上記の特定箇所で選択的に成長し，セパレータを貫通して最終的には正極に到達します．これが微小短絡のプロセスです．

この溶解析出の過程を**図4−16**に模式的に示します．

● 電池容量の層別

電池容量にはばらつきが生じます．理想的には生産された電池がすべて同じ容量を有するのが望ましいのですが，そのような生産技術力を備えるのは難しいものがあります．

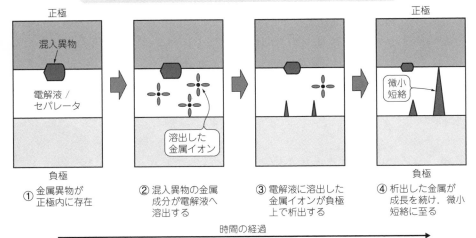

正極中に混入した金属異物は，リチウムイオン電池の電圧が3V前後から，また環境温度が高いほど 電解液中へ溶出する

正極

混入異物

電解液 /
セパレータ

負極

① 金属異物が
正極内に存在

② 混入異物の金属
成分が電解液へ
溶出する

溶出した
金属イオン

③ 電解液に溶出した
金属イオンが負極
上で析出する

正極

微小
短絡

負極

④ 析出した金属が
成長を続け，微小
短絡に至る

時間の経過

[図4-16] 金属異物の混入に伴う微小短絡の発生メカニズム
①～④のプロセスを経て微小短絡につながる

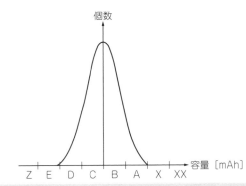

[図4-17] 電池容量の層別の例
電池容量も正規分布に従う．組み電池に
する際には容量，電圧，電池抵抗で区分
けする

電池の容量を電池メーカが決めた所定の容量幅や％で分類する．組み電池（電池パック）にするときは，容量，電圧，抵抗で区分けする

　生産した電池の容量は一般に**図4-17**に示す正規分布の形をとります．電池の品種とサイズにより，設計仕様に基づいてメーカが決めた容量分けにより，公称容量の範囲にある電池が出荷対象になります．

　電池の性能検査の例を**図4-18**に示します．

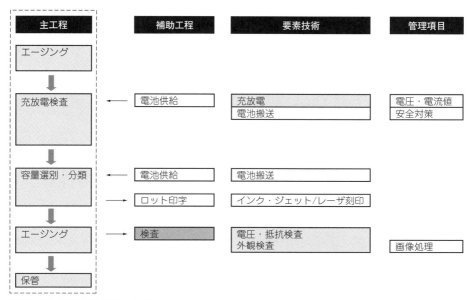

[図4-18] 電池の性能検査の例

● 組み電池での容量ばらつきは不適

　容量のばらつきは，電池が単セル(1個)使いの場合は問題がありません．

　モバイル機器では消費電力と持続時間の面から，電池の複数個使い，つまり直列と並列からなる組み電池(パック)となっています．その際，容量の小さいまたは抵抗の大きい電池が組み合わさると，その電池は他の電池よりも速く特性が低下して転極し，特性と安全面で大きなリスクが生じます．

　電池メーカでは生産された電池を容量値で層別しており，そのなかから容量，OCVと抵抗の近い電池を選別した形で出荷しています．蓄電池はほとんどがOEM生産なので，このようなことも可能になります．

4-7	電池の劣化解析

　特性が低下した電池の，どの部分が，どのように悪くなったのかを解明する際の方法について説明します．

　解析法には次の2つがあります．

(1) 破壊分析
(2) 非破壊分析

[表4-3][(9)]　**電池劣化の分析手法**

電池材料の極表面(nm深さ)からバルク(内部)までをいろいろな方法で観察できる

分　類	手法(略称)	分析箇所 バルク	分析箇所 界面	用途・特徴
散乱法 (scattering)	広角散乱 (一般的な回折)	○		平均的な結晶構造を決定できる．簡便に利用できる
	小角散乱	○		ナノ・スケールの構造を調べることができる
	全散乱	○		結晶，非結晶に関係なく局所構造を決定することができる
	表面回折		○	電極表面の結晶構造を検出できる
	反射率		○	電極界面における密度変化から，被膜形成を検出できる
分光法 (spectrometry)	X線吸収分光(XAS)	○	○	局所構造や電子状態に関する情報が得られる
	光電子分光(XPS)		○	電極表面に存在する元素の電子状態に関する情報が得られる
	赤外分光(IR)		○	表面に存在する結合種(官能基)に関する情報が得られる
	ラマン分光		○	表面に存在する結合種(官能基)に関する情報が得られる
顕微鏡 (microscopy)	透過型電子顕微鏡 (TEM)	○	○	試料の局所的な原子配列を直接観察できる．表面の結晶構造を直接観察できる
	走査型電子顕微鏡 (SEM)		○	試料の表面形態や粒径を観察できる
	走査型プローブ顕微鏡 (AFM，STM)		○	トンネル電流や原子間力を利用して，ナノ・スケールでの表面形態を観察できる
核磁気共鳴	核磁気共鳴法(NMR)	○		特定の元素の局所構造に関する情報が得られる

■ 破壊分析

　電池をいったん解体して，それぞれの部品や材料を分析します．物理分析と化学分析を行います．

　物理分析には，電極の表面や断面を観察する電子顕微鏡観察(SEM，TEM)，材料の結晶構造を解析するX線回折(XRD)や電子線回折(ED)，原子の配置や配列，あるいは活物質中の金属元素の価数やその環境状態を見るX線吸収分光(XAS)など，マクロからナノに至る領域を観察できる方法があります．

　もう1つの化学分析には，材料を一度酸で溶解し，何が，どの割合で存在しているかを特定するプラズマ発光分光分析(ICP-AES)やガス分析などがあります．

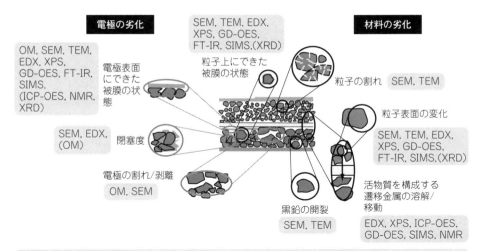

[図4-19][(10)] **破壊分析**（マクロ分析とミクロ分析）
電極や電池材料の劣化をマクロとミクロから詳細に観察できる

● **動作状態をそのままナノ・スケールで観察する**

　最近では電極だけでなく，その内部深くにある材料までもナノ・スケール（nm）で状態観察ができます．

　日本では国が中心となって推進した集中的な研究（RISIG事業）により，この解析分野は著しく進歩しました．高精度で，多機能の機器を使った分析を行う一方で，多角的な科学計算により構造や現象を予測しながら，両者を併用した確認が可能になりました．これらの高度解析技術を使うことにより，作動中の電池もその状態（in-situ，Operando）で分析でき，現象の解明と電池性能の改良に大きな貢献をしています．

　電池の用途や目的に沿って行う，おもな分析法とその内容を**表4-3**に示すとともに，実際に行われている分析方法の例を**図4-19**に示します[(9)][(10)]．

■ 非破壊分析

　非破壊分析には，交流インピーダンス分析や放電曲線の微分解析手法（dV/dQ，dQ/dV）などがあります．

● 2種類のインピーダンス分析法

　インピーダンス分析では，周波数応答測定解析法(FRA)を用いたシステムが主流です．

　測定には2通りあり，①電池に電流を流していない開回路状態で測定する方法と，②電流を流している状態で測定する方法があります．いずれも微小な信号を加え，それに応答した信号とオームの法則からインピーダンスを算出します(**図4-20**)．

　①では，開回路状態にある電池に，振幅10 mV程度の微小な交流電圧を1 mHz～数百kHz程度の周波数範囲で印加し，その電流応答を測定します．

　②は，充放電試験を中断したくない場合や，開回路での平衡状態へ達するのに，または一定電位を印加しても平衡状態に至るのに時間がかかる場合に用いられる方法です．この場合も微小な交流電流を印加電流に重畳させて電圧応答を測定します．

　電池の充放電時に，正負極では酸化還元反応が起こり，電子とイオンの移動が生じます．この2者は反応の場がそれぞれ異なるので，インピーダンス分析では素反応を分離することができます．したがって，劣化原因と箇所の特定が，電池の等価

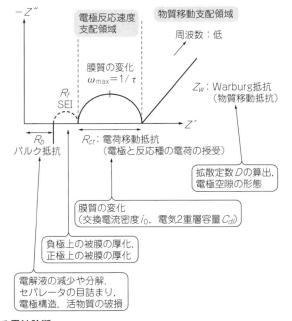

一般的な測定原理
開路電圧に±5mVの交流電圧を1m～100kHzの範囲で周波数を変えながら重畳して印加する．このとき，電池に流れた電流から抵抗値を算出しプロットする(右図)．逆に，微小電流を流す方法もある

① 充放電サイクル の前後， ② 保存前後 などに，対象電池を測定し，解析すると「どこの部分が劣化しているか」がわかる． 多孔体電極は対称セルにするとわかりやすいが，それでも解釈は要注意

⇒ R_b, R_f や R_{ct} が測定温度，時間，サイクルにより 増加する

各種の化学分析や物理分析により，対象部分を対比して同定

[図4-20] 交流インピーダンス法による電池診断
電池に交流電圧や電流を印加して，対応する応答から電池診断を診断し，劣化箇所が推定できる

回路上で可能になります.

　リチウムイオン電池は正負極ともに多孔性電極からなるためデータの解析は一般に難解です. そこで劣化した電池を測定した後に一度解体し, 正極／正極, 負極／負極の対称セルに組み直して測定し, 加えて試験温度を変えて測定すると, 正負極の素反応がより詳細に解析できて, 原因究明に非常に有効です.

▶インピーダンス解析には熟練が必要

　インピーダンス測定は, 装置が統合システムの形で販売されており, 簡単に測定できて便利ですが, 正確な解析は簡単ではありません. 充放電でどのような反応が起こり, どの箇所にその影響が出てくるかなどをあらかじめ理解し予測しておくことが適切な解析には不可欠です.

　最近, 動作中の電池に矩形波のダブル・パルス電流を印加して, 電池状態の評価を行う方法が開発されています. 報告からは充放電での分極の成分解析も可能と考えられ, 今後の電極設計には特に有用と思われます.

● 電圧, 容量の微分解析法

　他の1つは, 近年よく用いられている放電曲線の微分解析法($dV/dQ, dQ/dV, V$：電圧, Q：容量)です. 要するに, 放電中の電圧変化を容量変化で除したものまたはその逆の形です. 診断する電池の正負極の活物質が何かを知り, あらかじめそれぞれの電極の放電曲線を測定しておくことが, 劣化診断にはより効果的です.

　dV/dQとdQ/dVでは, 微分図に一般にピークが現れ, これらのピークが判断の指標になります. その具体例を図4-21に紹介します[11].

　dV/dQからは, 電池内で起こる各反応の境界(始点, 終点)や活物質の相変化がわかり, dQ/dVでは放電容量が出現する電圧やその範囲などがわかります.

　特に多用されているdV/dQでは, 微分電圧のピーク位置が正負極での利用位置に, ピーク間の長さが各反応での容量にそれぞれ対応します. したがって, サイクル試験や保存試験の前後の測定データを比較することで, 正負いずれの電極のどの部分が劣化したか, あるいは電極中の導電網からの活物質の脱落などが推定できます. とはいえ, 電子技術者が実際に使用するのはやや困難があります.

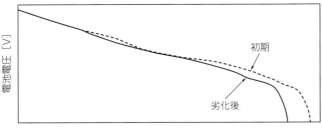

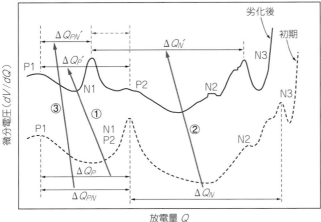

- 電池の微分電圧 (dV/dQ)のピークを正/負極に帰属させ,正負極単独の容量を判定する
- 各ピークは特定のLi組成比に対応している

① 正極のピーク同士の距離は,正極の容量に相当する
② 負極のピーク同士の距離は,負極の容量に相当する
③ 正/負極ピーク間の距離は,正負極の利用領域のズレに関係している

P：正極,N：正極,番号：ピーク位置,V：電圧,Q：容量

① dV/dQ から電気化学反応の境界(始点,終点),容量の定量化などがわかる
② dQ/dV から容量が発現している電位,活物質の価数,配位数,分極 などがわかる

[図4-21]$^{(11)}$ 電圧微分法による劣化解析
電池を放電した際の電圧の形状を容量で微分することで劣化箇所の推定などができる

4-8	ポリマー電池と信頼性

■ ポリマー電池にはもともと2種類あった

ポリマー電池には,当初次の2種類がありました.

(1) 正極または負極の活物質が導電性の有機ポリマー(高分子)からなる電池
(2) 電解液が有機ポリマー材で固定化(ゲル化)されている電池

前者は後に電池システム自体に本質的な課題が発見され,80年代後半に市場から撤退したため,現在は後者だけです.

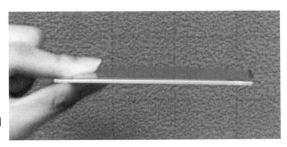

[写真4-2] 薄型ポリマー電池の例
最薄電池の厚さは2.5 〜 3.6 mm

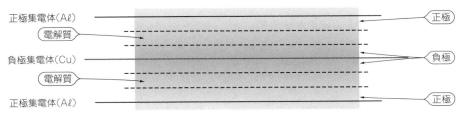

（a）1スタック

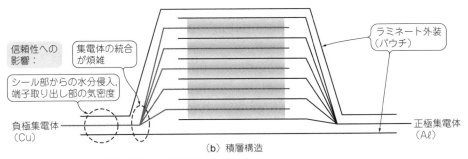

（b）積層構造

[図4-22] ポリマー電池（積層型）の断面構造例
正極，電解質，負極のそれぞれにPVDF系ポリマーが添加されているので，3者を重ねて加熱すると一体化する

　ゲル電解質は，現在はほとんどがフッ化ビニリデン・ポリマー（PVDF）系で，一部にポリエステル系も見受けられます．いずれも電解液はゼリー状です．電解液を固定化したものを，電解質と通常呼びます．海外の大手メーカの電池で，外装包材に"Polymer Battery"と表示があっても，内部は電解液，つまりリチウムイオン電池そのものも存在します．

　ポリマー電池は90年代の携帯電話での熾烈な小形／薄形化競争に対応して開発された経緯があり，今日の薄形／大画面のモバイル機器の電源からすると先駆的な位置付けでした．当時，この電池への期待は非常に大きいものでした．ポリマー電池の例を**写真4-2**に，電池構造の例を**図4-22**にそれぞれ示します．

● ポリマー電池は電解液がゼリー状

　すでに述べたように，イオン電池とポリマー電池の基本的な違いは，電解液が固定されているか否かであり，性能面では大差ありません．一方で，ポリマー材の添加が一部の特性では優位な効果をもたらしています．

　電解液だけでなく発電要素も固定化されているので，ケースは金属製(圧迫効果)の必要がなく，そのぶん薄く軽くできて，サイズも自在に設計できる利点があります．高エネルギ密度で高性能です．

● 特性はほぼ同じだが自由度が大きい

　リチウムイオン電池とポリマー電池の構造上の違いを電解液部を中心に**図4-23**に，電池特性上の差異点を**表4-4**にそれぞれ示します．

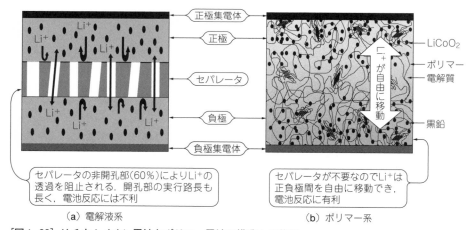

[図4-23] リチウムイオン電池とポリマー電池の構造上の差異
ポリマー電池は電解液がゼリー状になっているため，原理上はセパレータが不要．Li⁺も自由に移動できる

[表4-4] リチウムイオン電池とポリマー電池の特性上での差異点
5つの電池面での特性を計算すると，電池特性はほぼ同等か，ポリマー電池のほうがやや有利となる

項　目	Liイオン電池 (セパレータ あり)	ポリマー電池 (セパレータなし)
イオン伝導度	○	△ (ゲルのため約1/10に低下)
Li⁺ が透過する孔面積	△ (セパレータ面積の約40%)	○ (100%)
Li⁺ の実移動距離	△ (セパレータ厚さの4～6倍)	○ (≒電解質厚み)
電池の高温保存性	△	○ (電解液との接触が小さい)
電池の高電圧サイクル性	△	○ (電解液との接触が小さい)

▶原理的にはセパレータが不要

　電解液が固定されているため，ポリマー電池は原理的にセパレータが不要です．ただ，電池特性面では電解質は薄いほうが好ましいのですが，薄くすると正負極の接触短絡が生じる確率（工程不良率）が高くなるため，極薄（7～8 μm）のセパレータを挿入しているメーカもあります．

▶リチウムイオンが制限なく移動できる

　セパレータがないぶん，電流を担うリチウムイオンが自由に，円滑に正負極間を移動できます．

　これには2つの利点があります．現行のセパレータは多孔度が約40％で，厚さが10～20 μmのものを採用しています．つまり，対向面の約60％は非孔部のためリチウムイオンは，その箇所では通過できません．

　一方，ポリマー電池のゲル電解質ではリチウムイオンの移動を阻害するものがありません．加えて，リチウムイオンが通過するセパレータ内部では，通路が曲がりくねっていて（曲路），その長さ（拡散長）はセパレータの4～6倍と報告されており，そのぶんゲル電解質のほうが有利です．しかし，ゲル電解質のイオン伝導度は電解液の約1/10なので，これらを総括して計算すると，ゲル電解質のリチウムイオンのイオン伝導は，総合的にほぼ同等かやや有利です．

● ポリマー電池の作製法

　画期的とも言える，PVDF系ポリマー電池の作製法を紹介します．

　正極と負極は，活物質，導電材，PVDF溶液と可塑剤（油状の造孔材）を混合撹拌し，そのペーストをダイ・コート方式により，走行する集電体上に塗工します．セパレータ（隔離材）を兼ねる電解質部は，PVDF溶液と可塑剤からなるペーストを，走行するPET（ポリエチレン・テレフタレート）フィルム上に，同じくダイ・コート方式で塗工して作製します．乾燥後に，これらの3者を所定のサイズに裁断して積層し，加熱しながら加圧すると，3者ともPVDFを含むため接合（接着）して一体化します．次に，この接合体を加温した溶媒中に浸漬して可塑剤を抽出します．この抽出時の可塑剤の抜け跡が連続した孔となって，電解液の侵入路になります．

　一方，ハウジング（ケース）はAlラミネート・フィルムをカップ状に成型して作製します．その後，上記の発電接合体を収納し，ラミネート・カップの縁部を加熱シールして封止し，注液した電解液を含浸させると電池の原型ができます．この後，化成工程で充放電を行ってガス抜きと活性化を行うとポリマー電池が完成します．

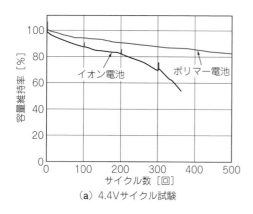

(a) 4.4Vサイクル試験

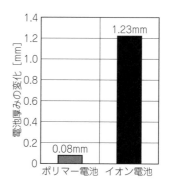

(b) 4.4Vサイクル試験後の電池膨れ

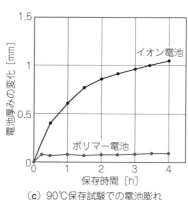

(c) 90℃保存試験での電池膨れ

[図4-24]⁽¹²⁾ **PVDF系ポリマー電池の安定性**
PVDF系ポリマー電池の4.4 V(CC-CV)サイクルと
保存試験では,ポリマー鎖の遮蔽効果で電解液の分
解が抑制される

● **ポリマー電池が信頼性で優れた点**

ポリマー電池の特性,特に信頼性面で優れる点を紹介します⁽¹²⁾.

Alラミネート・ハウジングを用いたLCO/黒鉛系のリチウムイオン電池と,同じ
構成のPVDF系ポリマーによりゲル化したポリマー電池を比較しています.

試験は,次のように行われます.

① サイクル試験
② 試験後の電池の厚み変化測定(電池膨れ)
③ 高温保存試験での電池膨れ

結果を**図4-24**に示します.

①と②のサイクル試験は,温度23℃で,1Cの充放電電流で,充放電を4.4 Vと
3.0 Vの間で行っています.もう1つの③の保存試験は90℃で行っています.

試験結果は,いずれもポリマー電池が優位です.理由は,1つが4.4 Vの高い充

電電圧（CC-CV方式）にあります．4.4 Vの充電電圧は電解液が分解する状況下にあり，電池の膨れが大きく違うのは，電解液が分解しガスが内部に滞留していることを示します．90 ℃保存試験の結果もガス発生に起因しています．

これらの試験で結果に差が出たのは，ゲル電解質，つまりポリマー電池では添加したポリマーの分子鎖の間に電解液が入り込んでいるために，電解液が活性な電極に接触する確率が低いことに起因していると考えられます．つまり，ポリマーの分子鎖が分解を受ける電解液を遮断した効果です．

最近のモバイル機器では充電電圧が4.4 V近くまで引き上げられていますが，このような高電圧での充電環境下ではポリマー電池が有利と言えるでしょう．

アルカリ電池使用上の懸念「漏液」

リチウムイオン電池が現在のように広範な分野で，大量に採用される以前は，小形で多機能のポータブル電子機器にはニッケル‒水素電池やニッケル‒カドミウム電池，あるいはアルカリ乾電池が使用されていました．

■ アルカリ電池の漏液とクリープ性

アルカリ乾電池は今も身近な電池であり，またニッケル‒水素電池も近年新しい負極材が採用されて，長期保存性にも優れるようになったことから，家庭でも日常的に使用されるようになりました．

今ではほとんど話題に上がらなくなりましたが，以前はこれらの電池からの「液漏れ（漏液）」は，使用上での大きな懸念材料でした．これらのアルカリ系電池は，電解液に高濃度の水酸化カリウム（KOH）水溶液を用いているため，その「這い上がり（クリープ，creep）性」から漏液しやすい傾向があります．いったん漏れると，端子や筐体をひどく腐食してしまいます．

その漏液のカテゴリに，電池の封口部周辺で，塩の形で析出した現象（ソルティング：salting）も加えて，総合的にこれを「リーク（leak：漏液）」と呼びます．固体の塩も腐食性を有し，人体には非常に有害なため，その取り扱いには十分な注意が必要です．

これらの電池は，家庭でも普通に使用されているので，注意喚起も含めて，ここでは漏液について説明します．学術的な部分がありますが，注意事項と結論をよく理解し，意識して電池を取り扱ってください．

● リチウムイオン電池は漏液しない

　結論から先に言えば，リチウムイオン電池は本質的に漏液するタイプの電池ではありません．

　ただし，電池の封口や封止が不充分な場合や，ガスケットなどの構造部品の欠損などが原因の場合は，本節の議論の対象ではないので除きます．ちなみに，電池の部品が納入される際には資材/調達部門が，さらに電池の生産現場では品質管理部門が，それぞれ抜き取り検査を行って不具合がないことを事前にチェックしています．

　この漏液性におけるアルカリ電解液と有機電解液の差が，電解液の「這い上がり性」にあります．

　有機電解液には這い上がり性は本質的にありません．リチウム電池系で封口部に，液滴または塩が出ている不具合は，ガスケットなど電池部品の欠損部もしくは部品の凹部に回り込んだ電解液がエージング中に吹き出したものと考えられます．ただ，実際には出荷検査を経ているので，まずないと思われます．

■ いったんアルカリ電解液が漏れると

　アルカリ系電池での漏れは，いったん生じると継続して起こると考えたほうが理に適っており，その電池は廃棄するか，使用しないことが信頼性や安全面から適切です．

● 原因はOH⁻と酸素（O_2）

　なぜ「漏液」が続くのでしょうか．

　原因は，アルカリ電解液がもつOH^-と新たに発生するOH^-によるものです．これは負極の電位が駆動力となって発生します．さらに，負極に亜鉛（Zn）を用いたアルカリ電池では，ニッケル-水素電池やニッケル-カドミウム電池よりも，この現象が顕著になります．

　漏液に至る最初のトリガは，酸素（O_2）の存在です．酸素は電池内の空間にありますし，式(1)に示すその還元反応でいったん消費されても，封口ガスケットや封口部とガスケットの間のシール剤を透過して外部の大気から電池内へ供給されます．そして，この消費反応は負極上で起こります．したがって，電池を窒素（N_2）雰囲気下で製造すると，電解液の這い上がり性は相当に小さくなります[13]．

　この最初の反応を次式に示します．

$$O_2 + H_2O + e^- \rightarrow 4OH^- \quad \cdots\cdots\cdots\cdots\cdots\cdots\cdots\cdots\cdots\cdots\cdots\cdots\cdots\cdots\cdots\cdots\cdots\cdots\cdots\cdots (1)$$

結局，電池内の空間にある酸素と水蒸気から，アルカリのOH^-が生成されます．

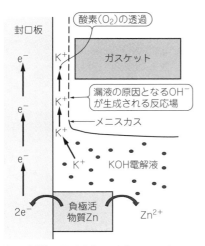

[図1][13]　**電池内部の酸素が還元されて
OH⁻(水酸化イオン)が生成するモデル**
アルカリ電池(電解液と負極)では酸素(O_2)
があると漏液の原因となるOH^-が生成する

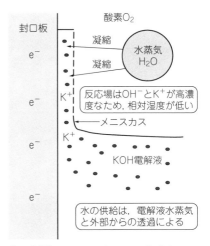

[図2][13]　**OH^-が連続して生成するメ
カニズム**
電池内の水分と外部から浸透してくる水分が
その駆動力となる

　ちなみに，この反応は負極のメニスカス上部にある，電解液で濡れた「極薄の場」
で起こります．その結果，そこではアルカリOH^-濃度が高くなるので，濃度を希
釈するために，電解液中からカリウムK^+と水分が供給されます．このプロセスが
続いてOH^-は負極封口板上を這い続け，全面を覆い尽くすまで続きます．これが「漏
液」です．そのメカニズムを図1と図2に示します．這い上がりの速さは負極封口
板の材質によっても異なります．

　ちなみに，この酸素還元反応は，負極上で起こるため，電池反応でもあり，いわ
ゆる局部電池の一種です．

● アルカリ乾電池のほうが傾向は大

　負極が亜鉛(Zn)の場合は，図3に示すように，その電位が水素吸蔵合金(MH)や
カドミウム(Cd)よりも相当低いため，酸素(O_2)の還元反応だけでなく，下記の式(2)
により電解液が還元分解されて水素(H_2)発生も起こります．

$$H_2O + e^- \rightarrow 2OH^- + H_2 \quad\cdots\cdots\cdots\cdots\cdots\cdots\cdots\cdots\cdots\cdots\cdots\cdots\cdots\cdots\cdots\cdots\cdots\cdots\cdots (2)$$

　その結果は，さらなるアルカリOH^-の生成と水素ガスH_2の発生です．このため，
漏液は一段と厳しくなります．

　日本メーカのアルカリ乾電池では，ガスケット(樹脂封口体)に薄肉部を設けてお

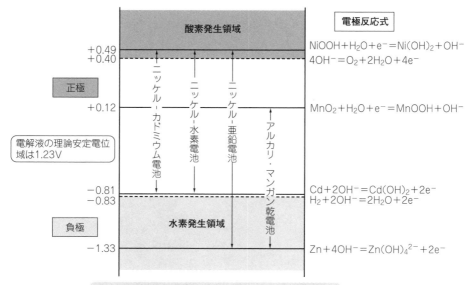

[図3] アルカリ電池系の標準電極電位と電極反応
対応する電池の正負極が，図の酸素発生または水素発生領域にあると原理的には酸素または水素が発生する．
発生しないのは材料自身の過電圧（マージン）の大きさによる

り，充電などの誤使用により多量のガスが発生して内圧が上昇すると，薄肉部が破断してガスを排気する安全機構を設けています[14]．

　ニッケル-水素電池では，適切な封口／封止と酸素の侵入を阻止すれば「無漏液化」は原理的には可能です．一方のアルカリ乾電池では，同様に式(1)への対応と，式(2)での水素発生が起こらないように負極材と電解液への添加剤で対応しています．

◆参考・引用＊文献◆
(1)＊ 宝泉株式会社，資料．
(2) 和田徹也；リチウムイオン電池技術，アセチレンブラック等導電助材の応用と電極の特性向上，サイエンス＆テクノロジー，2010．
(3) 佐久間充康；バインダー，知の市場，p.72，2013．
(4) 葛尾 巧他；PVDF系電池材料，電池技術委員会資料11-9，1999．
(5) H.S. Liu et al.；Electrochemical and Solid State Letters，7，A190-A193，2004．
(6) 特許 第269756号；日本電池(株)，1993年7月22日 出願．
(7) 大峰 一雄ほか；Matsushita Technical Journal，52，4，235-239，2006．
(8)＊ 和田 哲明；日本信頼性学会誌，39，4，154-161(2017)．
(9)＊ 平山 雅章，菅野 了次；高性能リチウムイオン電池開発最前線，pp.44～55，エヌ・ティー・エス(2013)．

リチウムイオン電池の出現

　リチウムイオン電池が登場するに至った背景を簡単に説明します.

　リチウムイオン電池は1991年にハンディホンに搭載されて上市されました. その電池は, 負極に炭素材, 正極にコバルト酸リチウム($LiCoO_2$)から構成された4Vで, 高エネルギ密度でした.

　その電池が登場する頃の研究開発は, 負極に平板状の金属リチウムを用いた「リチウム2次電池」が主流でした. この金属リチウム2次電池は, 放電すると負極のリチウム金属が電解液中に溶解し, 対向した正極中の所定の「席」に収納され, 充電ではこの逆のコースをたどる機構でした. この電池も高エネルギ密度タイプでした.

　しかし, この電池は, 充電でリチウムイオン(Li^+)が負極に「戻る」際には, 最初に居た「平板部の箇所」には極めて特定の条件下以外では戻らず, 細い針金状や苔状で析出します. すると, 元来Li金属は活性で, 還元力が強いために電解液と反応し, 一方で析出したLiは複雑な形状をしており, 表面積が大きいので反応熱を蓄積します. この状態で環境温度が高くなると, 60℃付近からでも自己発熱が起こることがあり, 熱暴走を経て発火に至ることがありえます. 実際に1989年夏に発火事故が発生しました.

　この結果, 金属リチウム2次電池の開発は中止され, この後, 金属Li負極を, Li^+を収納できる炭素材に置き換えて, より安全な電池を完成させました. 炭素材中でもLi^+でいることは^{7}Li-NMR(核磁気共鳴)で確認されています. これがリチウムイオン電池です. この名称はその後に付けられ, 「すべてにリチウムイオンを採用した」という点からきています.

(10)＊ T. Waldmann et al.；J. Electrochem. Soc., 163(10)A2149 - A2164(2016).

(11)＊ 本蔵 耕平；第55回 電気化学セミナー(2015).

(12)＊ T. Yamamoto et al.；J. Power Sources, 174(2007), 1036 - 1040.

(13)＊ M. N. Hull and H. I. James；J. Electrochem. Soc., 124, 3, 332 (1977).

(14) 村上元, 岩城浩文；National Technical Report, 37, 1, pp.31 - 37 (1991).

電池は「幕の内弁当」と同じ!?

電器店やコンビニなどの店頭で一般に販売されている電池には，乾電池やリチウム電池，空気亜鉛電池などがあります．最近では，長い間市販をためらっていたリチウムイオン電池も「電池パック」に仕立てて，「モバイルバッテリ」として販売されるようになりました．

これらの電池は，円筒やコイン，ボタン形の形状をした比較的小さいものですが，市販の電池は"優等生"型の電池に仕立ててあります．すなわち，"何にでも使える"タイプに仕上げてあるということです．

よく「電池性能」と一括りにした形で使っていますが，そこには電気容量や放電率特性，温度特性などのさまざまな特性が含まれています．

市販の電池は家庭や事務所などで，広範な用途に使われており，"何にでも相応に使える"ものにしておく必要があります．そのためには，図4-C(a)のように，電池の各特性を内部にバランス良く配置させておく必要があります．

各特性を均整のとれた形で，電池内部にうまく配置させることが，"幕の内弁当"の"おかず"の割り当てによく似ているという例えです．

一方で，電動工具や園芸用品などで採用されている急速充電型の電池は，大電流での充放電ができるように，電池内部では正負極の材料からリード部品に至るまで，さまざまな工夫がなされています．例えば，大電流での充放電が十分にできるように設計を行うと，その代償として，容量など他の特性が"犠牲"にならざるを得なくなります．その様子を図4-C(b)に示します．

小さいころから見てきた，黒，赤，金ラベルの乾電池は，その時代のアプリケーションの要求に合わせて，ベストになるように設計，製造されています．

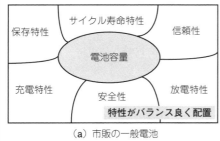

（a）市販の一般電池

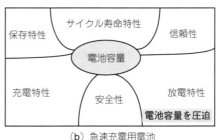

（b）急速充電用電池

[図4-C] 電池は"幕の内弁当"に似ている
1つの特性を際立たせると他の特性が"割りを食う"

第5章

信頼性，安全性から技術研究開発が進むポストLiの電池たち
リチウムイオン電池の進化型と革新電池

5-1	ナトリウム(Na)イオン電池

　リチウムイオン電池は上市からほぼ30年が経ち，電池性能は今やオールマイティ型となりました．ただ，信頼性の面で高温下での長期作動と保存性が，安全性の面では発熱・発火が，それぞれ大きな課題として残っています．

　一方，次世代のポスト・リチウムイオン電池として，環境負荷性をはじめコストや高容量，高速充放電性などから，いくつかの電池系が提案されており，現在研究開発が進められています．

■ 元素戦略電池としてのナトリウムイオン電池

　本節では，次世代のポスト・リチウムイオン電池の中から「ナトリウムイオン電池」を取り上げて解説します．ナトリウムイオン電池は，その名のとおり負極の活物質にナトリウムイオン(Na^+)を用いたものです．Na^+電池の模式図を図5-1に示します[1]．

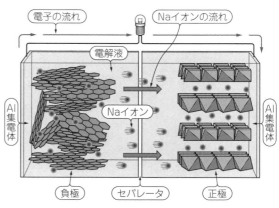

[図5-1] [1]　ナトリウムイオン電池の模式

負極には充電で収納するNa^+のサイズが大きいため層間の広い難黒鉛化性炭素(ハードカーボン)を用いる．正極には$NaFeO_2$型の構造をした材料を用いる．他の構成はリチウムイオン電池とほぼ同じ．負極の集電体にはNa^+が反応しないため，軽量のアルミニウム(Al)材が使える

Na^+を選択した理由には,資源の豊富さ,ひいては入手の容易さにあります.

● 資源が偏在する**Li**はコスト高.資源の豊富な**Na**

EV時代のリチウム(Li)材料は,資源確保に関する話題が頻繁に取り上げられています.Liは**表5-1**のように,地殻中に20〜60ppmの濃度で存在し,総埋蔵量は2000万〜4000万トンと推測されます.産出地は,オーストラリア,南米高地の塩湖や中国の奥地などに偏在しています.

ナトリウム(Na)は約2〜3%存在し,1000倍程度も豊富で,海水にも多く含まれています[(2)].

ちなみに,民生用リチウムイオン電池に多く使用されているコバルト(Co)も偏在しています.年間産出量の60%近くがアフリカのコンゴ民主共和国です.2位は中国とカナダの6%で圧倒的な差となっています[(3)].

■ ナトリウムイオン電池の長所と課題

ここでは,ナトリウムイオン電池の利点と課題を示します[(4)].

● 利点

(1) NaはLiに比べて,イオン半径が1.3倍強大きく,表面の電荷密度が小さくなるため,正極材料の選択の幅が広がる

(2) Naが分極特性に優れるため固体内での拡散が速く,ルイス酸性もLiより低く,界面での反応が速いと考えられる.つまり,活物質中での移動が速く,電

[表5-1][(2)] **リチウム(Li)とナトリウム(Na)の代表的な物性**
ナトリウムはリチウムに比べて,資源面で豊富.ナトリウムはサイズが大きくて高速の移動(大電流特性)が期待されるが,エネルギ密度では不利.電池の信頼性と安全性に関してさらなる確認が望まれる

物 性	Li	Na
資源量(相対比)	20〜60ppm(1)	0.03%(500〜1500)
価格 [$/ton 炭酸塩]	12000(1)	150(1/80)
原子量	6.9	23
イオン半径 [Å]	0.76(1)	1.02(1.34)
イオン体積 [Å³]	1.84(1)	4.44(2.4)
密度 [g/cm³]	0.54	0.97
理論比容量 [Ah/kg]	3840(1)	1166(0.30)
理論比容量 [Ah/ℓ]	2050(1)	1130(0.55)
標準電極電位 [V vs SHE]	− 3.04	− 2.71(− 0.33)
融点 [℃]	180	98

解液と電極の間での電池反応も速いので，大電流の取り出しが期待できる

(3) アルミニウム(Al)と合金を作らないので，負極の集電体に高価な銅(Cu)を
使う必要がなく，安価なAlが使用できる．電池が軽量にもなる

(4) リチウムイオン電池の生産設備が転用できる．ただし，水分とは激しく反応
するので，作業環境は露点が−80℃は必要(リチウムイオンでは−60℃程度)

● 課題

(1) 原子量，イオン半径が大きいので，理論容量密度(Ah/kg, Ah/ℓ)が小さく
なる．中でも重要な体積容量密度は約半分となる

(2) Naの標準電極電位が−2.71 V(vs.SHE)で，Liの−3.045 Vに比べて0.33 V低
い．10%ほど低くなるので，(1)との掛け算からなる体積エネルギ密度は相当
に不利となる．したがって，エネルギ貯蔵用の大型電池などに適性があると考
えられる

(3) NaはLiよりも反応性が高く，融点が98℃と相当低い．負極上に析出すると，
リチウムイオン電池よりも信頼性・安全性の面で，より注意が必要である(Li
の融点：180℃)

(4) Naを可逆的に挿入脱離できる正極材料が少ない

■ ナトリウムイオン電池の材料と安全性/信頼性試験

● ナトリウムイオン電池の材料と現状

現在は研究開発の段階ですが，電解液はリチウムイオン電池で採用しているもの
に，ほぼ近いものが使用できることがわかっています．

負極には，黒鉛材料はグラフェン層間の間隔が狭くて使えず，層間が広く，しか
も内部にナノボイド(ナノサイズの空隙)をもつハードカーボン(難黒鉛化性炭素，
HC)が使用できることが報告されています．現在は比容量を決定する組織構造や空
隙容積の最適化を行っており，リチウムイオン電池で採用されている400 mAh/g
程度の材料ができています[2][5]．

課題は正極材料で，いくつかの層状化合物が報告されていますが，放電電圧と比
容量(mAh/g)が十分とは言えない状況です．例えば図5-2に示すように，通常の
3 Vの放電終止電圧では100 mAh/g前後であり，$LiCoO_2$の145 mAh/gと比べても
小さいことがわかります．

そこで図5-3，図5-4のように，結晶構造の酸素配列(並び方)を変えて，ナト
リウムが出入りする層を大きく広げる試みなどが行われています[6]．

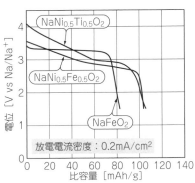

[図5-2]⁽²⁾ ナトリウムイオン電池を構成する正極材料の放電特性

標準材料のNaFeO₂をベースに，構成金属元素の一部を他の元素で置換すると，100 mAh/g超の放電比容量をもつ3V級の電池を構成できるようになる

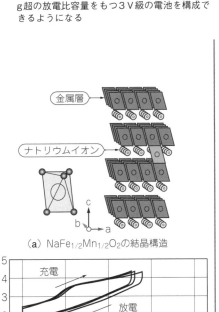

（a）NaFe₁/₂Mn₁/₂O₂の結晶構造

（b）充放電特性

[図5-3]⁽³⁾ ナトリウムイオン電池の正極材料
（従来の層状岩塩型材料）

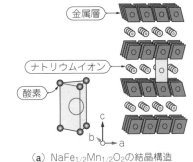

（a）NaFe₁/₂Mn₁/₂O₂の結晶構造

（b）充放電特性

[図5-4]⁽³⁾ ナトリウムイオン電池の正極材料
（開発された層状材料）

サイズの大きなナトリウムイオンが充放電で円滑に移動しやすいように，金属層間の間隔が広い酸素配列にした材料が開発された．比容量が大きくなり，充放電での電位ヒステリシス（電位差）も改善された

● 電池の安全性，信頼性の確認

　電池はプロトタイプの段階ですが，基本的な電池特性が**図5-5**のように報告されています⁽⁷⁾．ある程度の電池特性が確認できた段階で，早急に安全性と信頼性

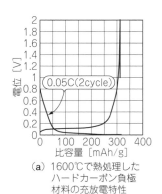

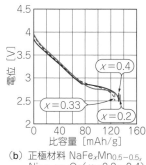

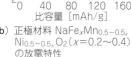

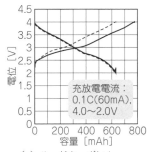

(a) 1600℃で熱処理した
ハードカーボン負極
材料の充放電特性

(b) 正極材料 $NaFe_xMn_{0.5-0.5x}$
$Ni_{0.5-0.5x}O_2(x=0.2〜0.4)$
の放電特性

(c) ハードカーボン/
$NaFe_{0.4}Mn_{0.2}Ni_{0.2}O_2$で
構成したパウチ電池の
充放電特性

[図5-5][(7)]　開発されたナトリウムイオン電池の正負極と電池の充放電特性例

をより詳しく確認することが必要です.

▶重要確認項目①

　特に重要と考えられるのが, Naが負極に析出した状態での加熱試験(JIS C 8712,
C 8714)です. この試験は130℃での加熱試験であり, Naの融点が98℃であるこ
とを考慮すると, 最初に確認すべき安全性試験と考えられます.

▶重要確認項目②

　Naが負極に析出した電池で, 環境温度を変えて行う試験も重要です. 電池の「釘
刺し試験」や「圧壊試験」を行うことで, 発熱や発煙, 発火の有無と様子を観察す
ることが必要になります.

▶重要確認項目③

　さらに, 電池の"特性低下(劣化)とそれに続く電池の寿命の迎え方(死に方)"が
どういう形で起こり, その際に電池内部では何が起こっているのかを解析し, 確認
することも重要です. これは今後の開発や改良に不可欠と考えられます.

　これらの結果から, 低価格電池として民生用への可能性と分散型電源としての能
力が推測できます.

5-2　イオン液体電池

　用途万能型になったリチウムイオン電池ですが, 過充電や誤使用による発熱・発
火が大きな課題として残っています. これに対して, フッ素化した有機溶媒や添加
剤で不燃化, 難燃化に取り組んでいますが, 十分な成果とはなっていません.

民生用でも電動車用でも，安全は最重要の項目です．

■ 安全性に富む"新型"リチウムイオン電池

　次世代ポスト・リチウムイオン電池として研究開発が進められている中で，次に取り上げるのは，イオン液体電池です．

● イオン液体とは液体の"塩"

　本節で説明する「イオン液体電池」は，可燃性の有機溶媒を使用しない電池です．イオン液体電解液の"溶媒"を図5-6に，"電解質"を図5-7に示します．
　主に窒素(N)を含む有機物から電子を引き抜いたカチオン(正イオン)と，主に窒素(N)を含んだアミド化合物に電子を供与したFSAアニオン(負イオン)とからなる"液体の塩"を"溶媒"とし，これにLiFSAやLiTFSAなどのLiアミド塩を"電解質"として溶解させています．なお，アミド(A)とイミド(I)は同じものです[8]．
　要するに，イオン液体電池は，黒鉛負極を用いたリチウムイオン電池に不可欠なEC(エチレンカーボネート)溶媒を使わなくてもよく，低引火性のDMC(ジメチル

(a) EMIm⁺(1-ethyl-3-methyl-
　　imidazolium, 1-エチル-3-メ
　　チルイミダゾリウム) カチオン

(b) FSA⁻ [bis(fluorosulfonyl)amide,
　　ビス(フルオロスルフォニル)アミド]
　　アニオン

[図5-6][8]　イオン液体電解液の"溶媒"
"溶媒"は，カチオン(正イオン)とアニオン(負イオン)からなる"塩"

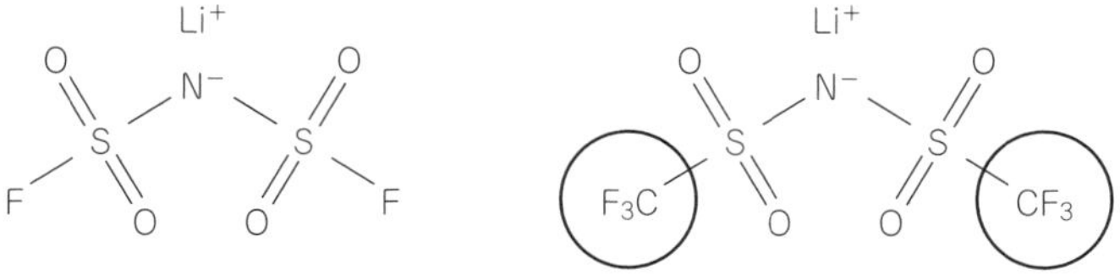

(a) LiFSA

(b) LiTFSA[Li bis(trifluoromethylsulfonyl)
　　amide, リチウムビス(トリフルオロメチル
　　スルフォニル)アミド]

[図5-7][8]　イオン液体電解液の"電解質"Li塩
LiFSAはLi⁺とFSA⁻に容易に解離する．アミド(A)はイミド(I)と同じ

カーボネート)などの低粘度溶媒も不要であり，安全性に優れた電池です．

● **イオン液体の特異な性質**

　イオン液体(電解液)は"塩"のため，次のような特長があります．

(1) 引火しない

(2) 揮発性が低い

(3) 熱安定性に優れる

(4) 作動電位領域が拡大する(FSIアニオンがあると約1V還元電位が下がるため)

　一方で，課題は次のとおりです．

(1) 粘度が高い

(2) カチオンが負極で容易に還元される

　(2)は「FSAアニオンを溶在させると回避できる」と報告されています[(8)]．

■ **正負極の作動**

　イオン液体と正負極との互換性，充放電での作動性を示します[(8)]．

　黒鉛負極は，図5-8に示すようにFSAアニオンが併存すると，リチウムイオン電池での特性とほぼ同じ程度に充放電します．放電レート(率)特性もほぼ同程度です．

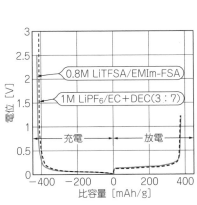

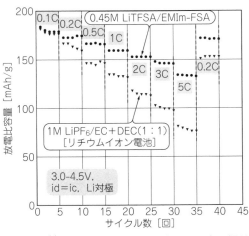

[図5-8][(8)] **イオン液体電解液中での黒鉛負極の充放電特性**

黒鉛負極は，イオン液体中(実線)でも，リチウムイオン電池の標準的な電解液(破線)と，まったく同じように充放電する．放電率(レート)特性もほぼ同程度

[図5-9][(8)] **LiNi$_{1/3}$Co$_{1/3}$Mn$_{1/3}$O$_2$(NCM333)正極活物質の放電率特性**

NCM333正極は，イオン液体(●)中では反応抵抗(Rct)が1桁近く小さく，安定しているため，リチウムイオン電池の一般的な電解液(▼)よりも高率(大電流)で放電できる．サイクル中の容量低下も小さい

他方，正極には4 V級のNCM333と5 V級のLNMOの報告があり，**図5-9**のようにリチウムイオン電池の特性と比べて，

(1) 反応抵抗が小さい
(2) サイクルが進んでも抵抗が低く安定している
(3) 放電レート特性が優れている

などの長所を有しています[8].

● FSAアニオンの特異性

黒鉛負極の場合，充電でLi$^+$が挿入されると電位が下がり，最終的には金属Liとほぼ同程度の電位となり，還元力が非常に強くなります．このとき，電解液中の物質はすべて還元されてしまいます．一般のイオン液体でも，上記のカチオンは還元分解を受けてしまい，充電反応は進行しません．

しかし，FSAアニオンが存在すると，黒鉛負極表面の反応場の構造が大きく変わり，充放電が可能になると報告されています．実際，FSAアニオンの特異な効果に起因しているようです．

このときの黒鉛負極の表面（深さ＜5 nm）分析と電極のインピーダンス解析から，

(1) 非常に薄い，安定な層がある
(2) 界面構造が通常とは相当に異なる

といった結論が得られています．FSAアニオンは負極に接近したLi$^+$に配位する性質が非常に強い特徴があります．これらの挙動を**図5-10**の反応界面（電気二重層）構造に示します[8]．なお，図でd_{CL}はヘルムホルツ層の厚さを示します．

■ イオン液体電池の性能

黒鉛負極とNCM333正極，イオン液体からなる電池の放電レート特性を**図5-11**に示します[8]．黒鉛負極の性能を向上させるために，添加剤LiBOBを少量添加していますが，Li塩濃度に多少依存しつつも通常のリチウムイオン電池に前後する性能を示しています．

● 極低温環境での特性，コストが懸念材料か？

イオン液体は粘度が高いと推測できます．しかし，電池の充放電の温度特性がほとんど開示されていないため，－20 ℃や－30 ℃の極低温下での電池特性や高温保存性がどうなのか，イオン液体自身とLiFSA塩が高価なため電池コストがどうかなどは報告がなく，不明です．

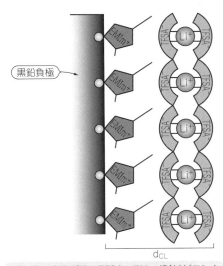

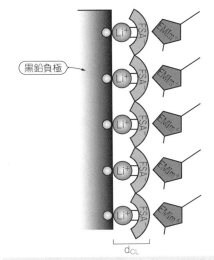

Li+と相互作用が強いTFSA−では，接触対（コンタクトペア）を形成して"サヤ（莢）"構造を形成して遮蔽するため，Li+は負極の表面に近づけない．したがって充電ができない

FSA−の場合は，特異な界面構造（電気二重層）を形成して黒鉛負極の表面にLi+が配向するので充放電ができる．d_{CL}はヘルムホルツ層の厚さ

（a）電解液中にTFSAアニオンだけの場合　　　（b）電解液中にFSAアニオンがある場合

[図5-10]⁽⁸⁾　EMIm TFSA"溶媒"とEMIm FSA"溶媒"の黒鉛負極への配向性の違い

[図5-11]⁽⁸⁾　**イオン液体電池**（黒鉛/NCM333）**の放電率特性**
EC（エチレンカーボネート）を用いなくても，イオン液体では黒鉛負極の電池は通常の電解液電池と同程度の放電率特性を示す．LiBOBは黒鉛負極上に薄いSEI被膜を形成し電池特性を改善する添加剤として定評がある

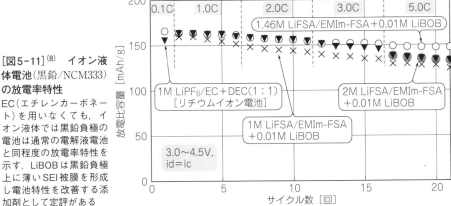

● 宇宙用，衛星に搭載

　次節の高濃度電解液電池と同じく，進化型のリチウムイオン電池として，大きな期待がされる新規な電解液系の電池です．すでに一部では衛星用の電池として，日本とロシアで運用試験に搭載されています．興味のある方は参考文献⑻を参照し

てください．関連する文献が示してあり，詳細データを見ることができます．

5-3	高濃度電解液電池

リチウムイオン電池の電解液に着目した研究開発も進められています．進化型リチウムイオン電池として，ここでは高濃度電解液電池を紹介します．

■ 高濃度では溶液構造が変わり，世界が一変する

リチウムイオン電池もリチウム一次電池も，電解液は1モル/ℓ（モル/dm^3，M）前後の濃度のものを使います．1ℓの電解液中に1モル量のリチウム塩が溶解しているものになります．図5-12に示すように，この付近でイオン伝導度が最大となり，加えて保存特性も良好なためです[9]．

1モル/ℓよりやや高濃度になると，サイクル特性はさらに良化しますが，一方で安全性試験では発火しやすくなるため，この付近の濃度を採用しています．

● リチウムイオン電池の基本構成条件

ほとんどのリチウムイオン電池は，黒鉛負極と，エチレンカーボネート（EC）＋六フッ化リン酸リチウム（$LiPF_6$）をベースとした電解液から構成されています．

黒鉛は，高比容量（mAh/g）で高電圧が得られ，低コストです．ECは黒鉛負極が良好に動作する不動態被膜（SEI）を形成する点で必要になります．$LiPF_6$は酸化分解電圧が高く（充電電圧を高くできる），充放電効率も大きい（サイクル寿命が長い）うえに，正極のAl集電体を不動態化して溶解から保護しています．

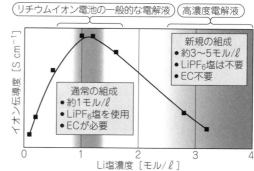

[図5-12][9]　電解液のイオン伝導度と一般的な要件
高濃度になると粘度が増加するため，イオン伝導度は低下するが，特異的な性質が発現して，電池材料の選択肢も広がる

● 電解液を高濃度にする効果

この電解液を3～5モル/ℓ程度の濃度にすると，電解液の性質が一変します．つまり，電解液の構造が特殊な状態となって，性質が激変することになります．

具体的な特性と効果は，次のとおりです．

(1) 酸化還元が生じる電位幅が広がる
　　→高電圧の電池が可能となる
(2) 正極を構成する遷移金属とAl集電体の溶出が抑制される
　　→溶出して電池特性を低下させるMn元素を含む材料やアミド塩が使える
(3) 高率充放電が可能となる
　　→律速となる電解液が急速充電の条件を備える
(4) Liデンドライトの析出が抑制される
　　→Li金属が負極に使用できる可能性がある
(5) 電解液が難燃性となって，安全性が高まる
(6) 電解液の選択の自由度が増して，ECやLiPF$_6$が不要となる．従来のLiと反応した溶媒も使える
　　→材料の選択肢が拡大する

以上から，材料と電池の幅が拡大します．

■ 高濃度ではフリーの溶媒がなくなり，性質が変わる

これらの現象が発現するのは，電解液中にフリーでいて，束縛を受ける溶媒がなくなるためです．

● フリーの溶媒より酸化分解電圧が高くなる

一般にリチウム電池の電解液は，ECやPCなどの高誘電率のベース溶媒とDMCやDECなどの低粘度の溶媒からなる混合溶媒に，LiPF$_6$やLiBF$_4$などのLi塩を溶解しています．Li塩は電解液中ではLi$^+$とPF$_6$$^-$やBF$_4$$^-$に解離しています．アニオンであるPF$_6$$^-$やBF$_4$$^-$は，ほとんど単独，つまり"裸"でいるとされています．Li$^+$は溶媒を約4個，それもほとんどがECを周囲に配位(溶媒和)させています．換言すれば，4個の溶媒をまとっています．

具体的には，通常の1Mの電解液では，

Li$^+$のイオン数：溶媒分子数≒1：12

となり，Li$^+$の周囲には約8(12 − 4)個の溶媒がフリーでいることになります．Li$^+$に溶媒和している分子は，中心のLi$^+$に電子を傾けているために，フリーの溶媒よ

りも酸化分解電圧が高くなると考えられます.

この推定は量子化学計算で支持されています. その溶液構造を**図5-13**に示します[9]. フリーの溶媒がないことはラマン分光測定から確認されています.

● 特性が拡大し, 溶媒・Li塩の選択肢が広がる

したがって, Li塩の濃度を3～5Mまで高くすると, 束縛を受けるフリーの溶媒数が激減するので, 電解液の可動領域(電位窓)が広くなります. さらに, 配位するフリーの溶媒がなくなるので, 高電圧に伴う正極中の遷移金属成分やAl集電体の溶出も抑制されます. Al集電体を腐食する点から回避していたアミド塩も使えることになります. これまでは使えなかったアセトニトリル(AN)などの溶媒も使えるようになります. その例を**図5-14**に示します[9].

黒鉛負極がAN中でも安定に動作しています. 高濃度電解液は酸化耐圧が拡大すると述べましたが, その具体例を**図5-15**に示します[9]. 用いた正極は5V近い電位を示す材料です. Li塩はアミド塩ですが, Al集電体が溶出することもなく, 正

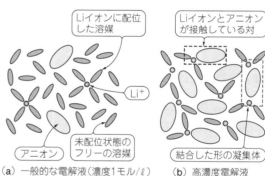

[**図5-13**][9] **高濃度電解液の特異な溶液構造**
高濃度電解液ではすべての溶媒がLi⁺に配位し, フリーの溶媒がない. 通常の電解液では"裸"の状態でいるアニオンもLi⁺に配位しており, 全体が流動性をもったネットワーク構造となっている

(a) 一般的な電解液(濃度1モル/ℓ)
溶媒分子数/Li⁺数>11～13/1

(b) 高濃度電解液
(3～5 モル/ℓ)

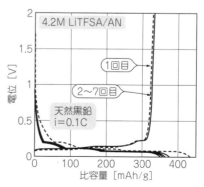

[**図5-14**][9] **高濃度電解液中での黒鉛負極の安定な作動**
EC(エチレンカーボネート)がなくても, 黒鉛負極は安定して300 mAh/g強の大きな放電比容量を示す. AN(アセトニトリル)以外のDME(ジメトキシエタン)やDMSO(ジメチルスルフォキシド), SL(スルフォラン)溶媒でも同様に安定して放電ができる. これにより電解液設計に溶媒およびLi塩選択の自由度が増した

極は安定に充放電しています.

　これらの材料で電池を構成した場合の特性を**図5-16**に示します[(9)]. 通常の電解液では40℃で作動させると電解液が分解されてガス発生が激しく, サイクル特性は持続しません. 一方の高濃度電解液では問題なく, 安定に作動し, かつMnの溶出も確認されていません.

● **極低温環境での特性, コストが課題か?**
　この高濃度電解液は溶液構造が従来の考え方とはまったく異なり, 特異的で非常に興味深い特性を示すことから, 近年国内でも数か所で研究が行われています.

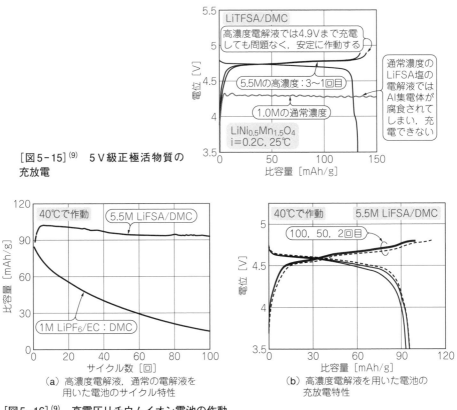

[図5-15][(9)]　5 V級正極活物質の充放電

[図5-16][(9)]　高電圧リチウムイオン電池の作動
高濃度電解液を用いた黒鉛/5 V級正極(LiNi$_{0.5}$Mn$_{1.5}$O$_4$)電池は問題なく充放電し, 安定にサイクルした. 正極からのMnの溶出もない. 一方, 通常の電解液は40℃では正極で激しく分解されてサイクル劣化が大きく, Mnも相応に溶出した

一方で，実用的な面では，－20℃，－30℃の環境では電解液の粘度が増すことが予想されるので，どのような電池特性となるか，高温保存特性がどうか，高価なLi塩を多量に用いるためコスト面から用途がどうか，などが懸念されます．

● 他の類似候補

上記の高濃度電解液を用いた場合と同じような性質をもつ電解液に，エチレングリコールの3量体や4量体とリチウムアミド塩の1：1錯体からなる，“溶媒和イオン液体”があります[10]．

いずれも大きな期待が持てる新規な電解液系です．興味のある方は参考文献(9)，参考文献(10)を参照してください．関連文献がそれぞれに示してあり，詳細なデータを見ることができます．

5-4	電池の高容量化…酸素イオンの利用

リチウムイオン電池がもつ，高電圧と高エネルギ密度がもたらす大きなメリットについてはすでに述べてきました．

今後の性能向上には，さらなる(1)高容量化，(2)高出力化，ならびに(3)高信頼性・高安全性の実現を目指すと考えられます．

■ 高容量化へ酸素イオンを働かせる

高容量は材料がベースとなり，高出力は(電流の取れやすい)材料，電池構成(電極構成，電極構造)と電池構造が開発の対象となります．

高出力化は第3章で解説しました．本節では高容量化について解説します．

● 高電圧のための負極と正極の素材

高電圧を有する電池が前提なので，負極は金属Liが最も適切ですが，充電に伴う安全性を担保する技術が未だ確立されていないので，負極は必然的に従来の炭素材になります．

となると，電池が高電圧になる，および材料の取扱いが容易である前提から，正極は必然的にLiを含有し，高電位をもたらす酸化物(酸素イオンの電子軌道がエネルギ的に低い＝高電位)の材料(LiMOx)となります．

▶LiMOx系の充放電容量は構成元素の価数変化

このLiMOx系では，充放電の容量は構成元素Mの価数変化になります．例えば

Ni比率が低いNCM正極材料，例えばNCM333では，Niは充電時に2＋→3＋→4＋と順に酸化され，この価数の変化が容量(Ah)となります．そこで，価数変化の大きい元素が望まれます．放電はこの逆の道筋をたどるので，同じことです．

具体的には，価数が1つ変化することで26.8 Ahが得られることになります．上記のNiの変化では，計算上は1モルで53.6(26.8 × 2) Ahが得られます．

▶希少金属でない元素が好ましいが…

この概念では,必然的に遷移元素M(周期律表で中央部にあるVやMnなどの元素)となり，エネルギ密度(Wh/kg，Wh/L)を考えると，Mの原子量がさほど大きくない，つまり周期律表でできるだけ上部に位置し，しかも安価であるためには希少金属でない元素が好ましいことになります．しかし，この従来の考え方では，これまで以上の容量は期待できません．

● 酸素イオンを酸化させる

新しい考え方は，まず信じられないでしょうが，酸化物の骨格を構成している酸素イオンO^{2-}に働いてもらうことです．つまり，酸素イオンを酸化して，価数を充放電で変化させるわけです．

例えばO^{2-}が充電で酸化されて，$O^{1.6-}$になると，この場合は変化量が0.4[＝(1.6−)−(2−)]なので，26.8 Ah × 0.4，つまり10.5 Ahの容量が追加で得られることになります．

▶酸素ガス(O_2)を発生させてはダメ

しかし，このとき酸化が進みすぎて，酸素ガスO_2になってしまわないことが必要です．ガス状の酸素は，放電時に利用できなくなるだけでなく，この酸素ガスは活性が非常に強いため電解液を酸化分解させるだけでなく，活物質が部分的にせよ欠損する，好ましくない結果になります．

したがって，酸素発生が起こる手前の電位範囲ないしSOC(充電状態)で使うか，または酸素発生が起こらない材料を開発するか，となります．

▶酸素ガス発生の起因

なお，酸素ガスが発生するのは，量子論での状態密度図(DOS)で，正極材料中の金属元素のd軌道と酸素イオン2p軌道が，エネルギ的に少なからず重畳していることに起因しています.簡単には，電子が構成金属のd軌道からではなく，酸素の2p軌道から奪われると酸素発生にいたる，1つの条件となります．

この考え方を提供したのは，計算上で高容量を有するLi_2MnO_3(459 mAh/g)です．この材料は通常の4.2 Vの充電ではまったく作動せず，4.8 Vまで充電すると活性化

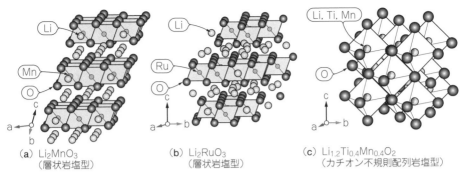

(a) Li$_2$MnO$_3$
（層状岩塩型）

(b) Li$_2$RuO$_3$
（層状岩塩型）

(c) Li$_{1.2}$Ti$_{0.4}$Mn$_{0.4}$O$_2$
（カチオン不規則配列岩塩型）

[図5-17] [(12)] **酸素イオンを利用するLi過剰岩塩型酸化物の構造**

されて，高容量のNCAをしのぐ，200 mAh/gの放電を行ったと報告されました．このデータとその挙動を解析すると，格子の酸素イオン（O^{2-}）が関係していると推測されました．ただ，このときは充電で酸素ガス（O$_2$）が発生し，サイクル劣化が報告されています．

▶構成元素の一部をスズで置換

一方，類似材料のLi$_2$RuO$_3$で，構成元素の一部をスズ（Sn）で置換したLi$_2$Ru$_{0.75}$Sn$_{0.25}$O$_3$は，高電圧のままS字状に充放電して200 mAh/gの高比容量が得られた上に，酸素発生がなく，サイクル劣化も小さい良好な結果が報告されています[(11)]．

■ 高容量化実現へ2つの考え方

以上の知見から，Liを過剰に含む（Li量が1を超える）酸化物（Li過剰岩塩型酸化物）に対象を絞って検討を続けた結果，高容量化へは現在2つの方向で研究が行われています．

まず，対象材料の結晶構造を**図5-17**に，次に材料設計の考え方を**図5-18**にそれぞれ示します[(12)]．

その方向の1つは材料を構成する遷移金属と酸素イオン（O^{2-}）間の「共有結合」を強くする方向，他の1つは遷移金属と酸素イオン間の結合を強い「イオン結合」とする方向です[(12)]．

● その1：共有結合を強くする

最初の共有結合を強くする考え方は，**図5-19**に示したように具現化できています[(11)]．Ruの広い4d軌道が酸素イオンとの間に強固な共有結合を形成して，酸素イオンを安定化させたと考えられています．Ruが高価なため，廉価で，安定化条

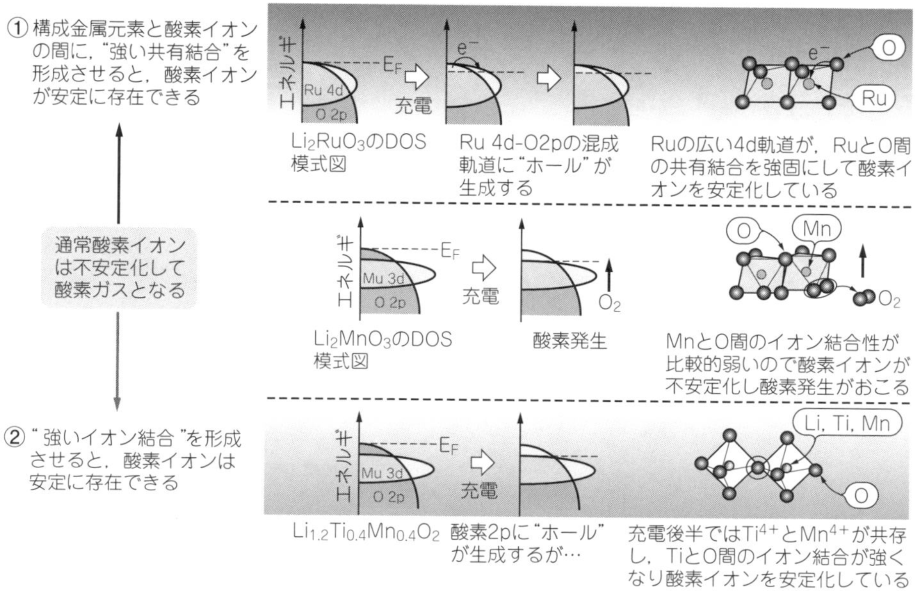

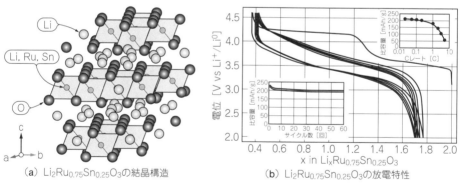

① 構成金属元素と酸素イオンの間に、"強い共有結合"を形成させると、酸素イオンが安定に存在できる

通常酸素イオンは不安定化して酸素ガスとなる

② "強いイオン結合"を形成させると、酸素イオンは安定に存在できる

Li₂RuO₃のDOS模式図 / Ru 4d-O2pの混成軌道に"ホール"が生成する / Ruの広い4d軌道が、RuとO間の共有結合を強固にして酸素イオンを安定化している

Li_2RuO_3のDOS模式図

Ru 4d-O2pの混成軌道に"ホール"が生成する

Ruの広い4d軌道が、RuとO間の共有結合を強固にして酸素イオンを安定化している

Li_2MnO_3のDOS模式図

酸素発生

MnとO間のイオン結合性が比較的弱いので酸素イオンが不安定化し酸素発生がおこる

$Li_{1.2}Ti_{0.4}Mn_{0.4}O_2$ 酸素2pに"ホール"が生成するが…

充電後半ではTi⁴⁺とMn⁴⁺が共存し、TiとO間のイオン結合が強くなり酸素イオンを安定化している

[図5-18]⁽¹²⁾ 酸素格子(O^{2-})を利用して高容量を実現するための正極材料設計の考え方（DOS図）
構成金属元素と酸素イオン格子との共有結合性、またはイオン結合性を制御することで酸素イオンを安定に存在させ、充放電で酸素イオンを酸化還元して高容量化する

（a）$Li_2Ru_{0.75}Sn_{0.25}O_3$の結晶構造

（b）$Li_2Ru_{0.75}Sn_{0.25}O_3$の放電特性

[図5-19]⁽¹¹⁾ 方法1：強い共有結合の形成
遷移金属（Ru, Sn）のd軌道と酸素イオン（O）の2p軌道が作る共有結合が強固なため、Oの2p軌道の電子が遷移金属のd軌道に入り、特殊な酸素イオン（パーオキサイドイオン）を形成して安定化させている

件を満たす材料の探索と特性の実現へ研究が続けられています.

● その2：イオン結合を強くする

この例には、$Li_{1.2}Ti_{0.4}Mn_{0.4}O_2$や$Li_{1.3}Nb_{0.3}Mn_{0.4}O_2$があり、それぞれ図5-20と図

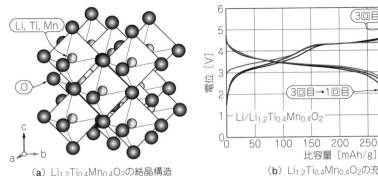

（a）$Li_{1.2}Ti_{0.4}Mn_{0.4}O_2$の結晶構造 　　　　　（b）$Li_{1.2}Ti_{0.4}Mn_{0.4}O_2$の充放電特性

[図5-20][(11)] **方法2：強いイオン結合の形成**
この材料はカチオンが不規則に配列した岩塩型構造をしており，試験温度は50℃ではあるが3V終止で
250 mAh/gに近い大きな比容量を示している

[図5-21][(11)] **方法2：強いイオン結合の形成**（$Li_{1.3}Nb_{0.3}Mn_{0.4}O_2$の充放電特性）
この材料も3V終止で200 mAh/gを超える大きな比容量を示している

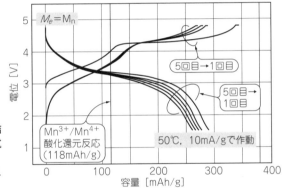

5-21に示すように，放電電圧を3V終止とした条件で，200～250 mAh/gの大きな放電比容量と良好なサイクル特性がいずれの材料でも得られています[(13)]．

　これらの材料では，Tiが4＋（4価）でMnが3＋（3価），他方はNbが5＋（5価）でMnが3＋であり，Mnの充放電による3＋→4＋の変化から得られる容量に加えて，酸素イオンの酸化還元による容量が付加されていると推測されています．このことは，放射光（軟・硬X線）を用いた実験結果から支持されています．

　先の材料では，構成金属元素と格子の酸素イオンとの間に強いイオン結合を形成しており，充電でも酸素イオンの酸化を安定化していると考えられています[(12)]．現在，新たな材料の探索と研究が続けられています．

　リチウムイオン電池では，新しい方法として酸素イオンを"安定に，効率良く働かせる"材料の開発が，日米欧で精力的に行われており，進捗が期待されます．

　リチウムイオン電池は上市からほぼ30年が経過し，この間多くの技術革新がなされました．そのたびにリチウムイオン電池は進化を続け，今や第1章の図1-7に示すように"全能型"の電池へと変身しています．

　ただ，構成材料の能力は限界に近く，代替する新材料の開発も簡単にはいかず，苦戦しています．

　この状況で，国は現行のリチウムイオン電池の性能を大きく越える「革新電池」の開発を進めています．

　その具体例として，

(1) 金属(Li)－空気電池

(2) Li－イオウ(硫黄，S)電池

(3) 金属負極(Mg，Al)電池

(4) 全固体電池

などがあり，材料の研究と電池の開発が進められています．

　革新電池の位置付けを**図5-22**[(14)]に示します．電圧と容量密度を座標にとり，重量エネルギ密度を等高線で追加し，現行ならびに次世代リチウムイオン電池とともに示しています．また，電池系の特性値を具体的な電池例で**表5-2**に示します[(15)]．

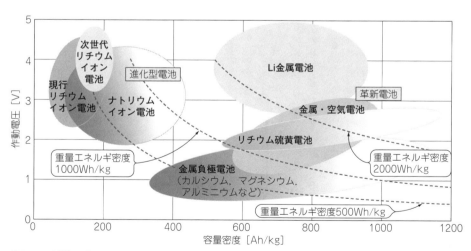

[図5-22][(14)]　**革新電池と進化型電池の特性**
革新電池は重量エネルギ密度(＝作動電圧×容量密度，破線)が，現行および進化型の電池を大きく凌駕する

[表5-2]⁽¹⁵⁾

[表5-2]

[表5-2]⁽¹⁵⁾　革新電池の理論エネルギ密度

項　目	リチウム空気電池	リチウムイオウ電池	マグネシウム電池	全固体電池	リチウムイオン電池
正極	O_2（空気）	S（硫黄）	$MgFeSiO_4$	NCA	NCA
負極	Li	Li	Li	In-Li	黒鉛
電池電圧 [V]	3.1	2.1	2.4	3.7	3.7
理論重量エネルギ密度 [Wh/kg]	2650	2450	700	810	510
理論体積エネルギ密度 [Wh/l]	3400	2700	2150	2700	1700

※ NCA：$Li(Ni_{0.8}Co_{0.15}Al_{0.05})O_2$，In-Li：インジウム-リチウム合金

　革新電池は，リチウムイオン電池や次世代リチウムイオン電池とその類型のNaイオン電池をエネルギ密度で大きく凌駕することが見てとれます.

　それぞれの電池の特徴を簡潔に示します.

■ 金属（Li）-空気電池

　金属空気電池はすでに実用化されています. 身近なところでは，補聴器用に市販されている空気亜鉛電池（Zn/O_2）があります.

● 空気亜鉛電池の概要

　ここでは負極が金属Li，電解液に有機電解液を用いた電池の概要を解説します. 模式図を図5-23に示します.

▶負極

　負極の反応は，次のようになります.

$$Li \rightarrow Li^+ + e^-$$

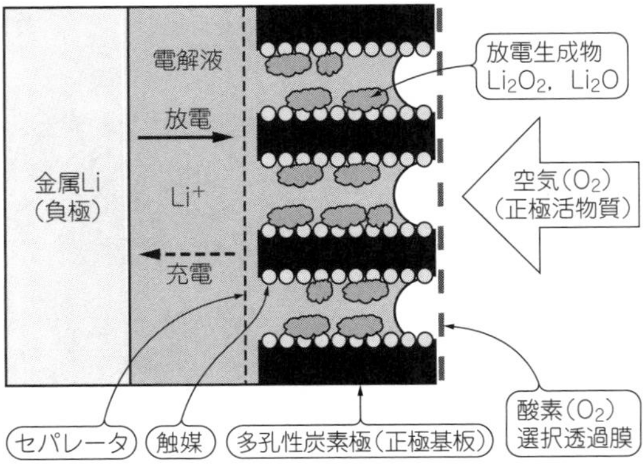

[図5-23]　有機電解液系Li-空気電池の模式図
Li-空気電池は大気中の酸素（O_2）を電池内に取り入れて利用する機構のため電池構造が従来とは大きく異なる

▶正極[16]

正極活物質は空気中の酸素(O_2)で, O_2を円滑に反応させるのに触媒を用います. これには2つの反応が考えられ, 最初の反応は,

$$O_2 + 2e^- \rightarrow O_2{}^{2-}$$

となります. そして, 電池反応は,

$$2Li + O_2 \rightarrow Li_2O_2$$

となり, 理論OCVは3.1 Vで, 理論重量エネルギ密度は3,620 Wh/kgとなります.

もう1つは一般的な反応で, 電池反応は,

$$4Li + O_2 \rightarrow 2Li_2O$$

となり, 理論OCVは2.9 Vで, 理論重量エネルギ密度は5,200 Wh/kgとなります.

いずれも大きなエネルギ密度ですが, 現状の主な課題は, 有機電解液の分解や放電生成物であるLi_2O_2やLi_2Oの可逆性, 充電時に大きな過電圧が発生するため放電時とは大きな電圧差(ヒステリシス)がある, などです.

■ Li-イオウ電池

Li-イオウ電池は, 負極が金属Li, 正極はイオウ(硫黄, S)で, 有機電解液を用いて構成されます. 充放電反応は次のとおりです.

$$16Li + S_8 \Leftrightarrow 8Li_2S$$

電池反応の理論OCVは3.6 Vで, 理論重量エネルギ密度は2,600 Wh/kgとなります.

● 大容量, 安価で毒性が低い

Li-イオウ電池の長所は, 大容量, 安価で毒性が低い点です. 課題は, 放電電圧が2 V程度と低く, 放電生成物が電解液に可溶で, イオウが絶縁体のため電極作製に多量の導電材が必要となるなどです.

● 溶媒和イオン液体型電解液

近年, グライム[エチレングリコール(HO-CH$_2$-CH$_2$-OH)が3個または4個連結した形の化合物]と, Li塩(LiTFSA)からなる溶媒和イオン液体型の電解液が開発されました.

グライムがLi$^+$を取り囲んだ形の電解質は, 酸化耐圧が4.6 Vと高く, 適合性に富むうえ, イオウの放電生成物は溶解度が非常に低くなるので, 充放電が数百サイクルも可能と報告されています. その様子を図5-24に示します[17].

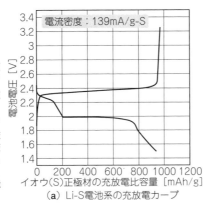

[図5-24](17)
溶媒和イオン液体を用いたLi-イオウ(S)電池の充放電カーブ例

新開発の溶媒和イオン液体は電解液の特性が大きく変わり，高電圧でも電解質が分解せず，高率充放電も可能となる

※ TFSA：Li塩の対アニオン
(b) 溶媒和イオン液体の模式
[エチレングリコール単位が3個(G3)]

(c) 溶媒和イオン液体の模式
[エチレングリコール単位が4個(G4)]

(a) Li-S電池系の充放電カーブ

Column (A)

電池誤飲…電池を飲み込んだ電池屋の長女
～知ってると役に立つ「中毒110番」～

● **三十数年前に身近で起きた出来事**

　それは金曜日の夜の出来事でした．同僚の電池技術者は，当時の"花金(花の金曜日)"の飲み会で，まだ帰宅してはおりませんでした．

　そのころ，彼の家では小学校3年生の長男が小型のゲーム機で遊んでいたそうです．そばには3歳の妹がいました．そのうち長男が，電池がなくなって遊べない，つまらないと不満を言いだしたそうです．あまりにうるさく言うので，母親が事情を聞いてみると，どうも3歳の妹が電池を口にいれて飲み込んだようだとの結論になりました．「大変だ！どうしよう」と思っても，父親はおらず，慌てた様子で，近くに住む私のところに電話してきました．

　こんな場合の相談先があることは，何となく知っていたものの，とっさには思い出せず，大変なことになるから119番に聞くようにと伝えました．すると，当時(三十数年前ですが)，そういう部署は知らないとのツレナイ返事だったそうです．

　一方，私は本棚をあさり，なんとかその電話番号を見つけ出して教えてあげました．彼女はそこと電話で相談した後で，帰宅した父親とともに対応できる病院へ，「ソレッ！」と掛け込んだそうです．時刻は深夜1時過ぎ．病院でX線写真を撮ると，電池はすでに食道と胃を通り過ぎて腸に入っており，ひと安心と言われたそうです．そして翌日，無事出たそうです．

　その彼女ももう立派なお母さんになっています．まさか，そんなことが！と思った出来事でした．3歳児でも油断はできません．ましてや，何でも口に入れる乳幼児には特に注意が必要です．鼻や耳に電池を入れて，鼻の中や鼓膜に穿孔を起こした例も報告されています．

■ 金属負極(Mg)電池

　金属負極電池は，負極がCaやMg，Alなどの金属で，放電(酸化)するといずれも多価イオンとなります．つまり，放電で2電子($2e/2F$)や3電子を放出してイオン化するので，高容量が期待できます．

　その中で報告例が比較的多いMg(マグネシウム)の例で説明します．

● Mg材料の長所

　長所としては，

(1) 資源が豊富

(2) Naと違って反応性が低く取り扱いやすい

● 現在も，子供の電池誤飲は年間200件の報告

　最近は，このような事故がないように，玩具や小形機器の電池室はふたがネジ留めとなっていることが多くなりましたが，それでも機器の落下テストでは，収容されていた電池が飛び出すことがあることも報告されています．

　誤飲する電池は，多くがアルカリボタン電池とコイン形のリチウム電池です．近年使用され始めたボタン形のリチウムイオン電池も要注意です．

　報告のあった電池では，アルカリボタン電池は金属ケースが胃酸で腐食されると，中のアルカリ性電解液が漏れだして胃壁を損傷します．サイズはやや大きいのですが，リチウムコイン電池を誤飲した例も報告されており，この電池は電圧が3V程度あるため，消化管中で電気分解が起こり，アルカリ性の液体を体内で発生させて消化管の壁に潰瘍を作ります．このため長期の入院が必要となった例が報告されています．

　乳幼児の周囲での電池取り扱いは，注意しすぎということはありません．子供の誤飲は年間200件程度も起こっています．

★知っていると役に立つ応急処置などの問い合わせ先

　(公財)日本中毒情報センター：中毒「110番」
- 大阪中毒110番(365日24時間対応)…072 - 727 - 2499
- つくば中毒110番(365日9 ～ 21時対応)…029 - 852 - 9999
　※上記の電話番号は一般用．情報提供料は無料

★参考サイト

　日本中毒情報センターHP，電池工業会HP

　日本小児外科学会HP

(3) Mg^{2+}のサイズがLi^+並み(イオン半径がそれぞれ0.72Åと0.76Å)
であり,今後に期待が持てます.

● Mg材料の課題

他方,課題としては,

(1) 表面にできる不動態被膜が不活性(絶縁体でイオン伝導性もない)で充放電で
  の電位差が大きいためエネルギ効率が低い
(2) 適当な正極がない(現在報告されているV_2O_5やMoO_3などは,作動電圧が
  3 V未満と低く,Mg^{2+}の移動も遅く電流が取れない)
(3) 適当な電解液がない(エーテル系があるが酸化耐圧が低いため,4 V級の材
  料が使えない)
(4) 自身の電位が貴である(電池では金属Liを用いた場合より0.7 V程度低くなる)
などが挙げられます.

これらの課題の解決と電池設計へ努力が傾注されています.

■ 全固体電池

全固体電池は,すべての電池部材が固体,特に通常は液状の電解液も固体の材料
から成り立っています.電解質には主に硫化物系と酸化物系があります.2016年
に有機電解液を凌ぐイオン伝導度をもつ硫化物系の固体電解質が報告されて以降,
リチウムイオン電池を越える電池との期待から大きな話題となっています.

● 高性能が期待される

全固体電池は電解質が固体のため,

(1) 安全(電気化学的・化学的・熱的に見て)
(2) 分解電位(耐圧)が高いのでこれまで使用できなかった正極材料が使え,高電
  圧の電池が可能
(3) 充放電で電解質中をLi^+だけが移動するので大電流が取れる
(4) 低温特性に優れる
(5) バイポーラ電極(1枚の集電箔の表裏に正負極を塗工した電極)が可能なので
  積層することで小形軽量の高エネルギ密度の電池ができる
などが期待されます.

● 高性能の指標−ラゴン・プロット

　中でも，大電流特性と高エネルギ密度は，**図5−25**に示すラゴン（Ragone）プロットでも最高位置に図示されており，EV時代の電源に好適です[18]．

　一方で課題は，充放電で正負極が膨張収縮を繰り返すため，

（1）粉体同士で構成される反応場を良好に形成し続けるのが難しい

（2）反応場を形成し続けるのに電池へ相応の加圧拘束が必要

（3）バイポーラ電極からなる電池を積層する際に各電池間の容量と抵抗値の許容差が厳しい（特性の低い電池があると転極して大きく劣化する）

（4）負極が金属LiまたはLi合金のため充電でLiデンドライトが生成し成長する

などがあります．

　硫化物系の固体電解質を用いた電池の模式と特性例を**図5−26**に示します[15]．現在開発中の硫化物系の固体電解質は，柔らかく，滑り性も高いため，正極合剤中では活物質の表面に回り込んで，反応場を良好に形成できているようです．

● EV時代の最適電源へ

　全固体電池系は，今後EVやPHEVが広く普及する要件として，現在搭載されているリチウムイオン電池の性能を凌ぎ，ガソリン車に匹敵する航続距離を提供でき

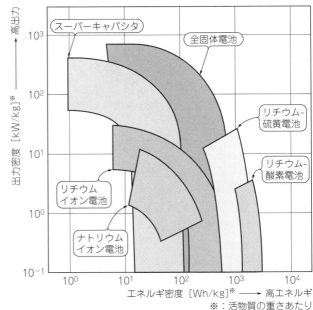

[図5−25][18]　**革新電池と進化型電池のラゴン（Ragone）プロット〜重量ベース**
全固体電池をはじめ革新電池は，現行のリチウムイオン電池よりもエネルギ密度と出力密度で優れる

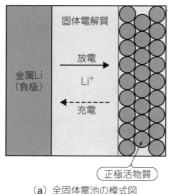

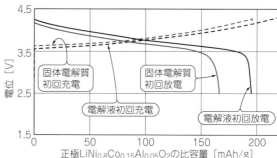

（a）全固体電池の模式図

（b）$LiNi_{0.8}Co_{0.15}Al_{0.05}O_2$正極とLi負極からなる全固体電池（$Li_2S\text{-}P_2S_5$電解質：灰色の線）および有機電解液電池（黒色の線）の充放電比較例

[図5-26][(15)]　**全固体電池の模式図と充放電特性の例**
全固体電池は粉体の電解質を正極合剤中に混合して用いるため，反応場の永続的な確保が重要となる

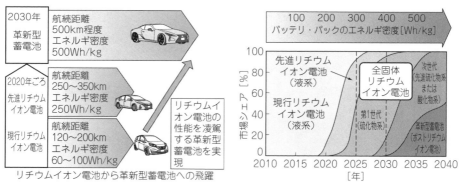

（a）次世代自動車用蓄電池技術開発ロードマップ2008

（b）xEV用電池技術の展開予想（NEDO）

[図5-27][(19)]　**将来のxEVに期待される性能と搭載する電池技術の展開**
今後，電気自動車（EV）やプラグインハイブリッド自動車（PHEV）が広く普及するには，現在搭載されているリチウムイオン電池（LIB）の性能をしのぐ，ガソリン車並みの航続距離を持ち，信頼性と安全性に優れる革新蓄電池が実現することが不可欠．このため電動車（xEV）の電源は今後現行の液体電解質系から固体系へ変わっていくと予想される

るエネルギ密度を達成ことが求められます．

　この他，信頼性と安全性に優れることも不可欠です．これらの特性とともに，電動車の電源は，**図5-27**に示すように液体電解質系から固体系へ変わっていくと予想されています[(19)]．

▶オールジャパン態勢での推進

　全固体電池系は現在，40近い団体が参加したオールジャパン体制をとり，国家プロジェクトで開発が進められています．最終的には取り扱いが容易で，安定な酸

化物系の固体電解質が目標となります[19].

　全固体電池の開発や状況などについては，参考文献(20)によくまとまった記事が掲載されています.

◆参考・引用＊文献◆

(1)＊ 北原 逸美；Newton, 2018年12月号, P.117.
(2)＊ 岡田 重人, 朴 選一；Electrochemistry, 2011年79巻6号, p.470-476. 電池工業会 でんち, 2015年6月1日号, p.3. ナショナルジオグラフィック日本版, 2019年2月号, pp.28-53.
(3)＊ 経済産業省 資源エネルギー庁, 鉱物資源をめぐる現状と課題, 2014年. 米国地質調査所HP. ナショナルジオグラフィック日本版, 2019年2月号, pp.28-53.
(4)＊ 山田 淳夫；現代化学, 2016年7月号, pp.31-35. 第84回新電池構想部会, 1-7, 2013年.
(5)＊ 蚊野 聡 他；Panasonic Tech Journal, 2017年 Vol.63 No.1, pp.55-59.
(6)＊ 駒場 慎一, 藪内 直明；Electrochemistry, 2012年80巻2号, pp.93-97. SPring-8, NEWS66号, 2013年.
(7)＊ 久世 智 他；住友化学, pp.20-29, 2013年.
(8)＊ 石川 正司；電気化学セミナー1 最先端電池技術, 2016年, 電気化学会. 第2回ポストLIB研究会技術セミナー, 2016. 機能材料, 2016年3月号, pp.20-26, シーエムシー出版. オレオサイエンス, Vol.18, pp.185-190, 日本油化学会, 2018年.
(9)＊ 山田 裕貴, 山田 淳夫；電気化学セミナー1 最先端電池技術, 2017年, 電気化学会.
(10)＊ 渡邉 正義；電気化学セミナー1 最先端電池技術, 2016, 電気化学会.
(11)＊ M. Sathiya et al.；Nat. Mater. 2013, 12, 827-835. M. Sathiya et al.；Li-BD 6, 2013, O14.
(12)＊ 内本 喜晴；LiBの将来, 知の市場, pp.25-43, 2017年.
(13)＊ 藪内 直明；固体物理, Vol.53, No.6, pp.51-58, 2018年. N. Yabuuchi et al.；Nat. Commun., 7, 13814, 2016.
(14)＊ 金村 聖志；工業技術, 66, 10, p.29, 2018年. NEDO 二次電池技術開発ロードマップ2013(Battery RM2013), 新エネルギー・産業技術総合開発機構
(15)＊ 嶋田 幹也；Panasonic Technical Journal, 2017年 Vol.63 No.1, pp.51-54.
(16)＊ 菅野 了次；将来の電池, 知の市場, 2018年.
(17)＊ 渡邉 正義；ペトロテック, 31, 1, pp.31-35, 2014年.
(18)＊ 東工大ニュース, 2016年3月22日, 全固体セラミックス電池.
(19)＊ NEDO 次世代自動車用蓄電池技術開発ロードマップ2008(Battery RM2008), 新エネルギー・産業技術総合開発機構. NEDO ニュースリリース, 2018年6月15日, 新エネルギー・産業技術総合開発機構.
(20)＊ 日経エレクトロニクス編集；次世代電池2019, 日経BP社, 2018年.

Column (B)

1 μmがもたらす容量の差…セパレータと容量

● セパレータの材料

　セパレータの基本的な役割は，文字通り正負極の隔離(separation)，つまり内部短絡の防止です．電池は「エネルギの缶詰」なので，安全性の確保が前提要件です．その他に電解液を保液する役目などもあります．

　リチウムイオン電池では，ほとんどがポリプロピレン(PP)またはポリエチレン(PE)の微多孔フィルムを用いています．当初はPPを用いていましたが，より早目に安全性を確保する観点から，民生用途ではシャットダウン(SD)温度がより低いPEを採用することが多くなっています．

　ただ，メルトダウン(MD，熱破膜：膜が自立できる温度限界)温度はPPのほうが高いので，特に大電流を取り扱う電動工具(PT)や電動車(xEV)分野では，両材料の長所を取り入れた形の3層に積層した品種(PP/PE/PP)を用いる傾向が多くあります．

● セパレータの厚みと容量

　電池のセパレータは，民生用で10 ～ 20 μm，xEVでは25 ～ 30 μm厚みのものを採用しています．セパレータは非常に薄いものですが，捲回型の電極を採用している電池では，ここでの1 μmの厚みが容量に非常に効いてきます．

　一見信じられませんが，捲回電極でシミュレーションしてみると，その具体的な数値を見て驚きます．

　ここで影響を及ぼすポイントは2点です．

(1)比較的長尺の電極を使用している
　　円筒形の18650サイズで60 ～ 80 cm，角形の標準サイズ(厚み5.2 mm×幅34 mm)で50 cm程度の長さの電極を収納している．
(2)電極群の組み立て方法にある
　　組み立てには，まず2枚のセパレータの間に負極を挿入し，その上に正極を載せて捲回していく．つまり，2枚の長いセパレータを使用する．

[表5-A]　セパレータ物性

セパレータ物性	ガーレイ数[秒/100 ml]	孔径[μm]	膜厚[μm]	空孔率[%]	SD温度[℃]
関係する電池特性	充放電性能,自己放電,回復性	充放電特性,保存性,安全性	安全性	充放電性能,回復率	安全性

ここで，先の角形電池で計算してみます．厚み20 μmのセパレータ使用時で700 mAhの容量のものが，2 μm薄くした18 μmのセパレータでは740 mAhと容量が約6％増加します．一方2 μm厚くした22 μmのセパレータでは670 mAhと約4％減少します．その効果は現実的には大きいものがあります．

　ただ，セパレータに期待される機能には**表5-A**に示すように多くの項目があり，薄さを追求すれば済むものではありません．各機能のバランスが必要です．

◆参考文献◆

T. Sarada, L.C. Sawyer, J. Membr. Sci., 15(1986)97-113.

表面

[写真5-A]　セパレータの内部．表面の楕円形の孔が曲がりくねりながら裏面まで厚みの4〜6倍の長さで続いている

ポリプロピレン製セパレータ（固相法1軸延伸）の表面および内部の電子顕微鏡写真．微細孔が見える

横断方向　　延伸方向

MD温度 [℃]	熱収縮率 (MD/TD) [%]	平面性 (ラフネス)	突刺強度 [gf]	破断強度 (MD/TD) [kgf/cm²]	工法
安全性	安全性	信頼性 (OCV不良)	信頼性 (OCV不良)	信頼性 (耐電極変形)	安全性

Column (C)

電解液の量はどう決める？

リチウムイオン電池で，電解液は正極または負極の活物質から充放電時に抜け出してくるリチウムイオン(Li^+)を対極へ導く(だけの)役割を果たしています．鉛蓄電池やアルカリ蓄電池のように，充放電の電池反応そのものに関与しているものではありません．では，単にLi^+を運ぶ役目の電解液の量はどのように決めたらよいのでしょうか？

● 正極，負極とセパレータが有する「空隙」が電解液で満たされていれば十分

電解液が電池反応に関係しないので，基本条件は単純です．それは，電池を構成する正極，負極とセパレータの3者で，各自が有する「空隙」，つまり充放電でLi^+が通過していく「箇所」が電解液で"満たされていれば"，十分とするものです．

具体的に説明すると，スマホなどの民生用途では，作動時間が最も重要視されるため，電池の正負極は最大量まで充填されています．その結果，正負極とも空隙率(多孔度)は25％前後まで圧密化されています．セパレータは多孔度がほぼ40％程度なので，使用する部品の寸法から空隙体積はすぐに計算でき，合算したものが注液の最少電解液量となります．

ただ，電池を組み立てる際に正負極とセパレータを捲回もしくは積層するため，それらが重なる部分では隙間ができるので，その空間を見込む必要があります．

先の空隙体積は電極を構成する材料の重量，密度(比重)と電極寸法から一義的に算出できます．他社電池を解析する際には水銀圧入法で空隙率を推定します．

● 注液量は放電特性から合算空隙体積の1.4倍量が適当

電池メーカでは，その基本量の前後で電解液量を振り，充放電試験や信頼性試験，安全性試験などを行った上で，注液量を決めています．一例を挙げると，最新のレポートでは，注液量は放電特性から合算空隙体積の1.4倍量が適当と報告しています[*]．この報告書はWeb上で閲覧できます．一般には，合算空隙体積の1.2倍量付近で運用されています．

ちなみに，一方の産業・EV分野，なかでも大電流での充放電が必要なHEV用の電池では，Li^+を短時間で大量に移動させる必要から電解液量は多い方が好ましく，電池抵抗も小さくなるため，正負極の空隙率も40％前後へと，大きくしています．

（＊） F.J. Gunter et al., J. Electrochem. Soc., 166(10) A1709－A1714(2019)．江田 信夫；アナログウェア No.7 徹底図解！リチウム・イオン博士の101％活用セミナ，CQ出版社，2018年．

192 第5章 リチウムイオン電池の進化型と革新電池

Appendix 1

電池に関する用語解説

● **アセチレンブラック**(Acethylene Black:AB)

アセチレンガスを不完全燃焼して製造した高純度の粉末状,あるいは粒状の導電助材.

● **アノード**(anode)

1次電池では負極(−)を指すが,学術的には電子が外部に流れ出す(電流が流れ込む)極を言う.このため放電時には負極がアノードになり,充電時には正極がアノードとなる.カソードはこの逆.電池技術者でも理解が不十分な人が多く,混乱を招くので正極,負極と呼ぶほうが望ましい(電気化学会ではすでに採用済み).

● **アルカリ電池**(alkaline battery)

アルカリ水溶液を電解液に用いた電池の総称.

● **イオン伝導度/導電率**(ionic conductivity, S/cm)

伝導度,導電率は断面積が$1\,cm^2$で長さ$1\,cm$の物質の抵抗の逆数.電池では電解液や電解質中をイオンが移動する際の抵抗値の逆数.伝導機構などの違いにより水溶液系の伝導度は有機電解液より$100 \sim 1000$倍大きい.

● **1次電池**(primary battery)

乾電池など,使い切り電池の総称.

● **インターカレーション**(intercalation:挿入)

層状の結晶構造中に原子や分子が挿入されることを言う.リチウムイオン電池の正負極材であるコバルト酸リチウム(LCO:$LiCoO_2$)や黒鉛(グラファイト)は層状構造をしており,それぞれ放電と充電時にリチウムイオンが挿入される場所が2次元の層間の所定位置に配列する.

一方,マンガン酸リチウム(LMO:$LiMn_2O_4$)やチタン酸リチウム(LTO:$Li_4Ti_5O_{12}$)ではリチウムイオンの収納される位置が結晶構造中で3次元分布をしているためインサーション(insertion:侵入)型と呼ばれる.インサーションが上位概念である.

● **HEV**(Hybrid EV:ハイブリッド型電気自動車)

市街地など環境への配慮が特に重要な地域では,電池を大電流でパルス的に充放電しながら電池駆動で走行,郊外などでは搭載しているエンジン駆動で走行する.

そのためハイブリッド(混合型)EVと呼ばれる.

● **SiO**(Si)，**Si-C**

珪素(Si)を負極活物質であるLiイオンの吸蔵母材とした材料. 従来の黒鉛に代わる高比容量の負極材として，近年盛んに研究がされている. SiOは，実際は$2SiO = SiO_2 + Si$の反応により，LiはSiの中でLi_xSiの金属間化合物の形で吸蔵されていると考えられる. Si-CはSiとC(炭素材，例えばカーボンナノチューブ)の複合体を意味し，電子導電性を確保するため，あるいは充放電サイクルによるSiの微粉化に伴う電子ネットワークの確保のために複合化をしていると考えられる.

● **SEI**：⇒固体電解質界面層

● **SOC**(State of Charge；充電状態)

充電の程度，つまり公称容量に対して充電された容量の割合を百分率(%)で表したもの. SOCとそのまま呼ばれることが多い. (100 − SOC)がDODである(⇒放電深度，DOD).

● **SOH**(State of Health：健康状態)

電池の容量保持度，公称容量に対してその時点での放電容量の割合を百分率(%)で表したもの. SOHとそのまま呼ばれることが多い. 電池容量の低下割合(劣化度)がわかる. (100 − SOH)が劣化度.

● **エネルギ**(energy)，**エネルギ密度**(energy density)

電池のエネルギはWhで表される. この単位を分解すると$W = V(電圧) \times I(電流)$なので，$Wh = V \times I \times h$となる. ここで$I \times h$は単位で示すと$A(アンペア) \times h(時間)$であり，これを容量と呼び，AhやmAhで表示される. 結局，エネルギ＝電圧×容量である. 電圧と容量は電池の外装に記されている.

エネルギ密度は，この値を電池の重量や体積で除したものであり，Wh/kg，Wh/ℓで示され，それぞれ重量エネルギ密度，体積エネルギ密度と呼ばれる. 重量1kgまたは体積1ℓの電池にどれくらいのエネルギが充填されているかを指す. よって，この値が大きいものほど軽量で小形の電池になる. 電池用語のなかでも最も重要な指標の1つ. 電池(パック)の体積に直結する体積エネルギ密度は特に重要.

● **温度特性**(Temperature characteristics)

充放電を行う電池の試験環境温度を変えたときに，電圧特性や充放電容量がどう変化するかを示した図. 充放電電流の大きさを同時に変化させて評価することが多い.

● **開回路電圧**(Open Circuit Voltage：OCV)

回路が開いている状態，つまり電池が外部回路から切り離された状態で示す電圧

（⇔閉回路電圧）．開路電圧と表記することもある．

● **過塩素酸リチウム**（LiClO₄）

リチウムイオン電池で常用される$LiPF_6$とは違って，加水分解することがなく，大気に安定なため実験室での試験に適している．ただ，爆発性に難点がある．

● **過充電**（overcharge）

完全充電（満充電）した後にさらに充電することを言う．このまま充電を続けると電池電圧が上昇し電解液中の溶媒や電解質塩，また活物質が破壊されてガス発生に至ることが多く，電池材料を不安定な状態に導くことになる．寿命や信頼性，安全性の点で好ましくない．

● **化成**（formation）

通常，2次電池は放電状態で組み立てられ，あらかじめ数回の充放電を行うことにより活物質を活性化して電池とする．この活性化過程を化成と呼ぶ．

● **カソード**（cathode）

1次電池では正極（＋）を指す．「アノード」参照．

● **活物質**（active material）

正負極で電池反応を行う材料を言う．反応を円滑に進行させるために，一般に微粉末（粒径：5 ～ 20 μm）～ナノ粉末（粒径：nm）であることが多く，電極にはこの他に反応に必要な電子の伝達を円滑にするためにアセチレンブラック（AB）などの導電材や粉末同士間の十分な接触と形状保持の目的で，フッ化ビニリデン・ポリマ（PVDF）などの結着剤（バインダ）を加えて成型している．

● **過電圧**（overvoltage）

電池を充放電した際の実際の電極電位と，電流が流れていない場合の電極電位との電位差（乖離）を言う（⇒分極）．

● **過放電**（overdischarge）

定められた終止電圧を下回る電圧まで放電すること．電池はあらかじめ所定の作動電圧範囲をもとに設計されているため，電池特性や寿命，信頼性を損なうことにつながる．

● **カレンダ寿命**（calendar life）

無停電電源装置（UPS）や非常灯などでは，商用電源のバックアップ用に電池が内蔵されている．これらの電池は，普段は負荷から切り離された状態で小さい電流でトリクル（細流）充電されるか，または負荷と並列に接続されて常時フロート（浮動）充電されている．継続して充電される環境にある電池は，電気化学的な要因により劣化を受けるので，容量の低下率から決定する寿命をカレンダ寿命と言う．例えば，

容量が70％に低下するまでの年月数で示す．高温環境下で試験することが一般的である．

また，電池を満充電した後に，開回路状態(OCV)で，特に高温環境下に放置された場合もカレンダ寿命と呼んでいる．

● **間欠放電**(intermittent discharge)

連続的には放電せずに，無作為または規則的に放電を休止する期間を設けて行う放電(⇒連続放電)．

● **気相成長炭素繊維**(Vapor-Grown Carbon Fiber：VGCF)

グラフェン層が同心円状になっており，アスペクト比(長径／短径比，直径：0.2 μm,長さ：6～8 μm)の高い炭素繊維．通常は熱処理により黒鉛化し，導電助材として用いる．物理的造孔材でもあり，混合すると電解液の吸液性が増すことで，大電流が取れやすくなり，サイクル特性も良化する．VGCFは昭和電工の登録商標．

● **逆充電**(reverse charge)

極性を逆にして行う充電，つまり電池は強制的に放電されることになる．強制放電．このまま続くと電解液の分解などにつながる．

● **急速充電**(quick charge)

大電流を用いて短時間で充電すること．特に，ニッケル-水素電池やリチウムイオン電池など電動工具に使用される電池でよく用いられる．大電流での充電が円滑に効率的に行われるように，電池材料をはじめ電極構成や電池構造に工夫が施されている．

● **軽負荷放電**(light load discharge)

小さな電流で，または大きな抵抗を接続して放電することを言う．1次電池で用いられることが多く，小さな電流では内部抵抗損(*IR*損)などが少ないため終止電圧に到達するまでに活物質を効率良く，十分に利用できる(⇔重負荷放電)．

● **結着剤**(バインダ，binder)

電極内で活物質と導電材を電子的に接続するため，かつ電極として成型するために加える材料で,正極にはフッ化ビニリデン・ポリマ(PVDF)や4フッ化エチレン・ポリマ(PTFE)など，負極にはスチレン・ブタジエン系ゴム(SBR)やポリアクリル酸系ポリマなど，化学的にも電気化学的にも安定な物質が用いられる．

● **交換電流密度**(exchange current density)

電気化学的に評価した金属材料や活物質の性質の1つで，電流の取り出しやすさを示す．電池は活物質の酸化と還元から成り立っているが，この酸化還元反応の進みやすさ(次元的には単位面積当たりの物質移動の速さ)を示すものであり，この値

が大きいほど，充放電で大電流が取り出しやすい材料といえる．

● **公称電圧**（nominal voltage）

　電池電圧の表示に用いる電圧．

● **公称容量**（nominal capacity）

　電池容量の公称値．定格容量と比較して概略値的な性格が強いようである．

● **固体電解質界面層**［SEI：Solid Electrolyte Interphase（Interface）］

　リチウム系の電池で，電位が極めて低い（卑）負極の表面に堆積した層を指すことが多いが，リチウムイオン電池の正極でも電位が高い（貴）ために，活物質が電解液と電気化学的に反応して堆積した層を含む場合もある．総括的には負極または正極の表面に堆積したnm〜数十nm厚の薄層を言う．

　リチウムイオン電池で黒鉛負極の場合は，リチウムイオンが黒鉛の層間に挿入される前段階で，電解液が分解されて堆積したものがこの層の始まりであり，この後電位が低下するために電気化学的に電解液が分解されてできたものも含む．この層は，負極では基底部にフッ化リチウム（LiF）などの緻密な無機物があり，上部にリチウムを含む多孔質の有機化合物などから構成されている．正極ではこれが逆構成と報告されている．電子絶縁性ではあるが，リチウムイオンは透過できる．電池特性面では抵抗成分であるが，負極が金属リチウムである1次電池で30年を超える保存寿命を達成できるのは，この保護層の効果である．リチウムイオン電池で，正極の場合にはCEI（Cathode Electrolyte Interphase）と呼ぶことが多くなっている．

● **サイクル寿命**（cycle life）

　2次電池では充放電を繰り返すと内部抵抗が次第に増加し，このため容量は充放電サイクルとともに減少していく．電池の種類や使用機器，メーカでの定義，充放電試験条件などによって異なるが，公称容量の50〜80％に達したときのサイクル数を指すことが多い．

● **残存容量**（residual capacity）

　部分放電または長期間保存した後に，電池内に残っている容量を指す．

● ***C***

　2次電池を充放電する際の電流の大きさを表すもので，CはCapacity（容量）の頭文字．電池の定格容量と同じ数値の倍数で示す．例えば，定格容量600 mAhの電池の場合，$0.2C$で充電するとは600 × 0.2，つまり120 mAで充電することであり，$2C$の放電は600 × 2 = 1200 mAで放電することである．ちなみに充電時間は5時間（$C ÷ 0.2C$）となり，放電時間は0.5時間（$C ÷ 2C$）となる（⇒時間率）．上記の計算でもわかるように，次元的に不正確との意見が出て，IEC（国際電気標準会議）61434

に記載された方法に従い，最近Itとする改訂がされている．

$$It\,[A] = Cn\,[Ah]/1\,h$$

nは，その時間率容量(C)を決定した時間数を意味する．この方法によると，先の表記は$0.2It$となる．

● **時間率**(hour rate：HR)

2次電池の充放電電流の大きさを表し，10時間率の充電とか5時間率の放電などと表現される．具体的には10時間なり，5時間で充電や放電を終了することであり，容量が600 mAhであれば容量の1/10(60 mA = 600 mAh × 1/10 h)や1/5(120 mA = 600 mAh × 1/5 h)の大きさの電流で充放電すること．ちなみに，電池業界では低率(ローレート)放電や高率(ハイレート)放電と呼ぶことがよくあり，定性的な表現であるが，容量に対して比較的小さな電流や大きな電流で放電を行うこと．1C(1It)を基準に区分していることが多い(⇒C)．

● **自己放電**(self discharge)

電池を使用せずに保存しておくと，正規の放電以外の反応により電池容量が減少していくことを言う．公称容量に対する月当たりまたは年当たりでの減少率を自己放電率(％／月，％／年：self discharge rate)と呼び，小さい値が望ましい．

● **持続時間**(duration)

電池を放電する際，所定の放電終止電圧に達するまでに要した時間を言う．アプリケーションでは機器が動作を停止するまでの時間を言う．

● **シャットダウン**(shut‐down，SD：遮断)

リチウム電池において電池の内部温度が短絡や発熱などで上昇した際に，微多孔質のセパレータが一部溶融して目詰まりを起こし，イオン透過機能がなくなって電池反応が阻止され，電流と回路が遮断される．電池の安全機構の1つ(⇒メルトダウン)．

● **終止電圧**(end voltage)

電池の充電または放電において，これらを終了する電圧．電池反応が十分に行われ，かつ電池にとって好ましくない副次的な反応が生じない電圧に設定されている．

● **集電体**(current collector)

電池において活物質から発生した電子を最終的に集めたり，逆に活物質へ供給するための部品．リチウムイオン電池では，正極にはアルミニウム箔(Al)，負極には銅箔(Cu)といった金属が一般に使用され，形状は箔や孔あき板，格子状などがある．この上に活物質を含む合剤が塗布充填されている．芯材とも言う．

● **充電受け入れ性**(charge acceptance)

　放電した2次電池が効率良く充電されるかを指す定性的な表現.

● **充放電効率**(coulombic efficiency)，**電流効率**

　充電に要した電気量に対する放電電気量の比率.100 %に近いほどサイクル寿命が良好となる.例えば，金属リチウムを負極に用いたリチウム2次電池では最大でも99 %程度であり，1サイクルごとに容量が1 %ずつ消費されていく.一方，黒鉛材を用いたリチウムイオン電池では最初の数サイクルを経過するとほぼ100 %となり，可逆性に優れてサイクル寿命は好ましい.

● **出力**(power)，**出力密度**(power density)

　慣用的に出力はワット(W)で表され，放電電流(I)×動作電圧(V)で算出される.ノートPCなど一定のワット数で動作する機器では，電池を評価するためにこの出力特性が重要となる.電圧は正負極の材料で一義的に決まるが，放電電流は材料自身の反応性だけでなく，電極構成や電池構造などでも変化する.この出力値を電池の重量や体積で除したもの(W/kg，W/ℓ)が出力密度で，電気自動車用電池や電動工具では重要な特性である[注：本来，ワット(W)は消費電力であるので，出力を示す場合はIVが好ましい].

● **深放電**(deep discharge)

　所定の容量を越えて，微弱電流で長期間使用されること.メモリ・バックアップなどで見られる.鉛蓄電池では放電したまま長期間放置された場合にも用いられる.

● **水素吸蔵合金**(hydrogen - absorbing alloy)

　水素を結晶格子内に充電で吸蔵し放電で放出することのできる合金で，ニッケル-水素電池の負極材として用いられる.一般にミッシュメタルと呼ばれる希土類金属の混合物が使用されており，自己体積の1000倍もの量の水素を吸蔵できる.この効果によりニッケル-水素電池は高容量が実現できている.

● **スタンドバイユース**(Stand - by use)

　非常灯やUPSなどで，トリクル充電やフロート充電により，不時の使用に備えて電池を常に充電状態に保つ常時待機使用方式の総称をいう.

● **スパイラル構造**(spiral structure)

　電極構造の1つで，シート状にした正極とセパレータ，負極とを重ねて捲きあげた構造をいう.捲回構造やジェリー・ロール(Jelly Roll)構造とも呼ばれる(⇒電池構造).

● **セパレータ**(separator)

　正負極の接触短絡防止と間隔保持および電解液保持の目的で，正負極間に挟持さ

れる微多孔性もしくは多孔性の膜や織物，不織布状のもの．イオンや発生した酸素ガスなどを透過させる機能も有している．リチウム1次電池やリチウムイオン電池では，充放電中に何らかの原因で電池の温度が異常に上昇すると，一定温度で自身が溶融して孔の目詰まりを起こして（シャットダウン），イオンの移動を阻止し，それ以上の通電と発熱を阻止する安全機能も備えている．ちなみに，燃料電池で呼称されるセパレータは電池でいう集電体に相当する．

● **素電池**(cell)

単電池やセルとも呼ばれ，電池の最も小さな単位．セルが集合して複数になったものがバッテリ(battery)である．燃料電池やポリマ電池では素電池を積層したものをスタック(stack)と呼び，燃料電池のスタックやバッテリをさらに複数個集合させて構成したものをモジュール(module)と呼ぶ．モジュールを複数個集合させて構成したものを（電池）パック(package)と呼ぶ．

● **炭酸エチレン**(Ethlene Carbonate：EC)

黒鉛材を負極に用いるリチウムイオン電池のベース溶媒でSEIを形成する母材．室温では固体．

● **炭酸プロピレン**(Propylene Carbonate：PC)

黒鉛材負極とは互換性が低いが，融点が低いため電池に使用すると低温特性が良化する．

● **DOD**(Depth of Discharge：放電深さ)

電池（容量）を使った程度（深さ）を示す指標．完全充電状態はDOD = 0で，完全放電状態はDOD = 100 %．

● **定格容量**(Rated capacity)

規定の放電電流および環境温度，終止電圧条件のもとで取り出させるとメーカが公表する電気（容）量．

● **定置用蓄電池**

電力の安定供給を目的とした電力供給用の蓄電システム．交流系統の安定化や負荷電力のピークシフト，停電時の電力供給用，家庭用PVシステムの余剰電力の吸収や負荷電力のピークシフト用などが主な目的．

● **電圧**(Voltage)

正極と負極の間の電圧．学術的な定義は電圧 =（正極の電位）−（負極の電位）．（⇒ 電極電位，分極）．

● **電圧特性**(voltage profile)

電池を放電するとき電圧がどのように変化していくかを示したもので，電圧特性

に優れているとは使っている間電圧が一定に保たれていることを指す(⇒レート特性).

● **電位窓**(electrochemical window, window)

電解液が安定に存在する電位範囲を指し, 電解液が酸化分解を始める電位(酸化電位)が上限で, 還元分解を始める電位(還元電位)を下限とし, その間の安定な電位領域を呼ぶ. 当然のことながら, 正極と負極はこの電位窓の内側で作動することが不可欠である.

● **電解液/電解質**(electrolyte)

電池の反応に必要なイオンを移動させる媒体を言い, 通常電子導電性はない. 液体のものを電解液, 固体状のものを電解質と一般に呼ぶ. 既存の電池には水溶液と有機電解液系が, 開発中のものに固体電解質がある. 有機電解液系にはリチウムイオン電池に用いられている有機電解液とポリマー電池に用いられているゲル電解質がある. ゲル電解質はポリマー(高分子)に電解液を保持/固定させてゲル状にしたもので, 漏液の原因となるフリー(遊離)の電解液をなくしている.

● **転極**(polarity reversal)

電池を強制的に放電したとき電池の正負極の電位が逆転して入れ換わること. 複数の電池を直列に連結して放電する際に生じやすく, また新旧の電池を混用すると特に起こりやすい. 転極に伴い, 電位の関係から電池内部で電解液の分解に伴うガスが発生することがある.

● **電極電位**(electrode potential)

電極が電解液に対してもつ電位. 簡便のために, 通常は特定の基準電極と組み合わせて電池を構成し, その起電力で表す. 単に電位とも呼ぶ. リチウム系では金属Liの電位を基準, 0 Vとして用いることが多い.

● **電池構造**(battery structure)

スパイラル(捲回)型のほかに, ①ボビン(bobbin)型, ②インサイドアウト(inside-out)型, ③スタック(stack)型がある. ①はマンガン乾電池のように成型された正極がケースの中心に位置し, その周囲を取り囲むように負極がある構造を言う. ②はアルカリ乾電池のように中心部に負極, その周囲に成型された正極がある構造(inside-outとはひっくり返しの意味). ③はガム形(角形)電池や一部のポリマー電池に見られるが, 短冊状の正負極とセパレータが垂直方向に積層されたものである.

● **デンドライト**(dendrite)

リチウム(Li)や亜鉛(Zn)など, 放電で電解液へ溶解する負極活物質が, 充電時には負極上で元の板状とならずに樹枝(dendrite)状に析出したものを言う. 比表面

積が大きく，活性なために微小短絡や発熱 / 発火の原因となる．実際には苔状や曲がりくねった細い針金状となることが多い．

● **トリクル充電**(trickle charge)

電池の自己放電を補償するために，負荷から切り離された状態で，絶えず微少な電流(トリクル電流)で行う充電．

● **トリクル寿命**(trickle life)

2次電池をトリクル充電で使用したときの寿命．シール鉛蓄電池では使用開始時の1/2の放電可能時間になるまでの年数(⇒カレンダ寿命)．

● **内部短絡**(Internal short‐circuit)

電池の内部で正極と負極とが電気的に短絡すること．

● **内部抵抗**(internal resistance)

電池自身が内部に有する抵抗．①集電体や電解液による電気抵抗，②電流が流れる際に電極の表面で電子と電解液中の反応種の間で起こる電荷の授受による抵抗，③電解液中の反応種が電池反応を行うために電極に近づき，(電荷授受後に)次いで離脱していく拡散の抵抗のそれぞれを合算したもの．電池に直流のパルス電流を流して放電した場合に，その電圧降下から測定して得られたものを直流抵抗，あるいは内部抵抗と呼び，微少の交流電圧または電流を印加し，それに対応して流れた電流または電圧を測定して得られたものをインピーダンスと呼ぶ．

● **ナノ粒子**(Nano‐particle)

ナノメートル(1 mの十億分の1の長さ)レベルの粒子をいう．この代表例はリン酸鉄リチウム($LiFePO4$：LFP)である．実際は数十ナノメートル程度の微粒子で電池に組んでいる．

その長所は，①比表面積の増大[＝電荷移動抵抗の減少(反応の加速化)]，②リチウムイオンの粒子内拡散距離の短縮化(＝反応時間の短縮化)，③通常サイズの粒子で生じる相転移の抑制にある．一方，短所は①微粒子化による体積容量密度の減少(＝電池容量の減少)とエネルギ密度の低下，②比表面積の増大に伴う副反応の増加，熱安定性の低下などがある．

超微粒子にすると電極への充填は密にはならないため，高容量化は難しい．現状は正負極とも 10‐20 ミクロンメートル(ミクロン：1 mの百万分の1の長さ)程度の粒子を用いている．

● **2次電池**(secondary battery)

放電しても充電すれば繰り返して使用できる電池を言う．蓄電池(storage battery)，充電池とも呼ばれる．語源は，2次電池は放電状態で組み立てられ，充電で活物質

を活性化（⇒化成）して電池となるが，この活性化や充電に1次電池が使われていたことから，2次的な電池と定義された経緯がある.

● ハードカーボン（hard carbon：難黒鉛化性炭素）

　リチウムイオン電池の負極に用いられる炭素材の1種. この材料は放電の電圧形状が前半は平坦で，ほぼ半ばから傾斜して上昇しているため，充電状態（SOC）を推量するのに便利で，ハイブリッド型電気自動車（HEV）用の電池に採用されている. 炭素六角網面からなる結晶子が乱層に積層した基本構造をしており，粒子の硬度が高いことから，このように呼ばれる. 高温で加熱しても黒鉛になりにくい炭素材料を難黒鉛化性炭素と総称する. 電子機器向けのリチウムイオン電池には，電圧が平坦で容量も大きく取れる黒鉛系の材料が一般に用いられる.

● **BEV**（Battery Electric Vehicle）

　完全電池駆動の電気自動車. Pure EVとも，単にEVとも呼ばれる.

● **PHEV**（Plug-in Hybrid EV）

　Plug-inとは，コンセントにプラグを差し込む意味である. 電気自動車（EV）ハイブリッド車（HEV）の長所を生かした自動車. 電池の残容量が，例えば1/3になるまではEVモードで走行し，電池容量が残り少なくなるとHEV仕様でエンジン駆動により走行する. 家庭の200/100 Vのコンセントで充電できる.

● 微多孔性セパレータ

　主に PP（ポリプロピレン）製やPE（ポリエチレン）製の微多孔質セパレータがある. リチウムイオン電池には一般にPE（ポリエチレン）製の微多孔性フィルムが用いられる. これはシャットダウン温度（SD温度：セパレータが溶融し内部の微多孔が閉塞してLiイオンを通過させなくする温度. 電池の耐熱安全機構の1つ）が130〜140℃程度とPP（ポリプロピレン）製のSD温度170℃程度に比べて低く，より安全性を求めて用いられた. しかし，PEセパレータは60℃程度の高温下に長く置くと4.3Vでも酸化を受けて劣化する. よって，正極材料が高電圧化に向かうにつれ，PPなどの耐酸化性の高いセパレータが用いられる傾向にある.

● **PTC素子**（ピーティーシー素子：Positive temperature coefficient device）

　通常は非常に小さい抵抗値を保っているが，過大電流が流れて自身が発熱して温度が上昇した場合や，環境温度が上昇した場合に自身の抵抗値が増大して流れる電流を制限する機能をもつ復帰式の素子. 正温度特性素子とも呼ばれる.

● 不可逆容量（irreversible capacity）

　リチウムイオン電池を組み立てて，充放電を行うと最初の数サイクルは充電容量に対して放電容量が少ない現象が見られる. この充電と放電の容量の差を積算した

ものを言う．この容量差は主に充電により負極に到達したリチウムイオンが充電容量の形（Li^+の挿入）とはならずに，周囲の電解液溶媒と一緒に分解されて表面に固体電解質界面層（SEI）を形成するのに使用される．

● **フロート**（浮動）**充電**（floating charge）

整流装置に負荷と電池を並列に接続し，電池に常に一定電圧を印加して充電しておくこと．

● **分極**（polarization）

充放電を行う際に，電流が流れていないときの電極の電位から，実際の電位がずれていくことを言い，その大きさを過電圧と呼ぶ（⇒過電圧）．

● **閉回路電圧**（closed circuit voltage）

電池に電流が流れている状態での電池電圧．閉路電圧と表記することもある（⇔開回路電圧）．

● **放電終止電圧**（cut‐off voltage of discharge）

放電を停止すべき電池の電圧．

● **放電深度**（DOD：Depth of Discharge）

放電の深さ．一般に定格容量に対する放電容量の割合を百分率（％）で表したもの．DODは1次電池で用いられることが多い．（100 − DOD）がSOCとなる．

● **放電容量**（discharge capacity）

放電終了までに取り出された電気容量を言う．（放電電流値）×（放電終止電圧に達するまでの放電持続時間）の値で示される．単位はmAh（ミリ・アンペア・アワー）またはAh（アンペア・アワー）である．

● **放電率特性**（discharge rate characteristics）：⇒レート特性

● **ホスファゼン**（Phosphazene）

もともと難燃化剤として知られる．電池分野では特に，リン（P）と窒素（N）が結合した単位が3個結合し六員環となったもの．リンPに置換基が2個結合し，この置換基の種類により，電解液に一定量添加すると電池特性を大きく損なうことなく，電解液に自己消火性を与えて難燃性の電池を供することができる．実際に通信基地局の電源に採用されている．

● **ポリフッ化ビニリデン**（Poly‐Vinyleden Fluoride：PVDF）

酸化還元耐性に優れる．主に正極のバインダ（結着材）に使用する．

● **メモリ効果**（memory effect）

水酸化ニッケルを正極に用いたアルカリ2次電池において，浅い放電と充電の繰り返しや長期間にわたりトリクル充電を行った後で放電を行うと，放電電圧が低下

し，放電終止電圧の設定値次第では容量や持続時間が見かけ上で少なくなる現象を言う．一度完全に放電する，または電池電圧で0.8 Vまで放電すると（リフレッシュ），ほぼ初期の特性に戻る．過充電によるニッケル正極材料の相変化（γ - NiOOH$\Rightarrow\alpha$ - NiOOH）であることが報告されている．また，ニッケル-カドミウム電池ではカドミウム負極の集電体との合金化による電位の変化も関係すると言われている．

● **メルトダウン**（meltdown，MD：熱破膜）

リチウム電池において電池の内部温度が短絡や発熱などで上昇した際に，微多孔質のセパレータは特定温度でシャットダウンして微細孔が溶融により目詰まりする．その後，温度の上昇が続くとセパレータ膜が自立性を失って流動化したり，破膜することを指す．この状態では，充電した電池では正負極が直接接触することとなり，熱暴走し発火につながる．

● **容量**（capacity），**電気容量**

充放電で反応した活物質の量を電気容量で表したもの．電池に充填された活物質の量と電池反応式から理論的に計算できる．マンガン乾電池とアルカリ乾電池を除くと，規格によるまたは標準的な放電条件での容量が電池あるいはカタログに表示されている．2次電池のニッケル-カドミウム電池やニッケル-水素電池，リチウムイオン電池では5時間率での，シール鉛蓄電池では20時間率での容量がmAhやAhの単位で示されている．

● **ラゴン・プロット**（Ragone plot）

エネルギ密度と出力密度の関係（Wh/kg - W/kgまたはWh/ℓ - W/ℓ）を図示したもので，電池系相互の比較や対象となる電池の性能を評価するのに便利．とくに出力を重視する電動車用途などで用いられる．

● **ラミネート形電池**

水蒸気の浸透を阻止できるアルミニウム（Al）箔を中心に，外装面に強度と対候性のあるナイロンやPET（ポリエチレンテレフタレート）の薄膜を，内面にPP（ポリプロピレン）などの水蒸気透過性の低い薄膜を積層した（laminated）包材を成型してケースとした電池の総称．従来の金属ケースに代わるもの．小型から大型サイズまで軽量かつ薄形で，放熱性に優れた電池が比較的容易に実現できる．パウチ形電池とも呼ばれる．

● **連続放電**（continuous discharge）

休止期間を入れずに続けて放電することを言う．

● **利用率**（utilization）

充填された理論容量に対する実際の放電容量の百分率．大電流で放電するほど，

また環境温度が低くなるほど電池の反応性が低下するので，小さくなる．

● **レート特性**(rate characteristics)

電池を充放電する際に電流の大きさを変えて電圧特性や充放電容量がどのように変化するかを評価したもの．一般に公称容量を基準に電流値を変えて行う．環境温度を変えて評価することも多い．充電率特性と放電率特性がある(⇒時間率)．

● **レドックス・シャトル**(redox shuttle：酸化還元シャトル)

リチウム2次電池において，過充電阻止機能を期待して電解液に添加される有機物質およびその機能を言う．電池の充電を終止させる電圧により，適合する材料が異なってくる．主にその物質の酸化還元電位と分子的なサイズにより選択される．

代表的なシャトル種にはフェロセン類やジメトキシ・ベンゼン類，フルオロアニソールなどがある．多くの物質が提案されており，そのうちのいくつかは上市された電池に実際に採用された．電解液に添加すると，過充電の際には所定の電位に達すると正極でその物質が酸化され，その酸化されたものが次に拡散移動して負極に達し，そこで還元されて，最初の状態に戻る過程を繰り返す．これにより電池が過度に充電されるのを回避する．

● **漏液**(leakage)

電池の外表面に電解液が滲み出ること．特に，アルカリ性の電解液は這い上がり性(creep)を有しているため漏液しやすい傾向にあり，腕時計など高価な精密機器で用いられているアルカリ・ボタン電池で滲出の程度により，8段階のクラス分けも行われている．

● **六フッ化リン酸リチウム**($LiPF_6$)

電解液中で，解離してイオン伝導により電気を運ぶ機能を持たせるために添加する．同類のLi塩の中でも，特に充電耐圧が高いために，リチウムイオン電池では常用されている．

● **露点**(Dew Point)

大気中の水分が凝結して結露する温度．リチウムイオン電池の組み立て工程は通常 − 60℃以下である．

● **UPS**(ユーピーエス：Uninterruptible Power System)

小形交流無停電電源装置または単に無停電電源装置とも呼ばれる．普段は装置内部の鉛蓄電池などに電力を貯蔵しており，停電時にこれを常用の交流電源に変換して各種の機器に一定時間供給する装置．特に情報通信機器やコンピュータなど瞬時でも停電が許されない機器のバックアップ用として使われる．

Appendix 2

電池に関する正負極材料の略号と特徴

※ 略語は化合物の分子式中の英文字から取っている

● **LCO**（$LiCoO_2$：コバルト酸リチウム）

リチウムイオン電池が創出された際の正極材で，層状構造をしている．放電カーブは比較的平坦（約$3.9\,V$）．モバイル機器の電池はほぼすべてがこの正極を採用している．

● **LFP**（$LiFePO_4$：リン酸鉄リチウム）

原料が安価で，放電電位が約$3.4\,V$とやや低いが平坦．このため体積エネルギ密度（Wh/ℓ）は低いが，$400\,℃$超まで耐熱性に優れる．ナノレベルの粒径にして，電動工具や定置用電源，中国でのBEVに用いられている．

● **LMO**（$LiMn_2O_4$：マンガン酸リチウム）

Mnは資源的に豊富（安価）で，環境にも優しい．結晶構造が3次元の骨格構造（スピネル構造）のため安定で，充電後の耐熱性に優れる．一方，高温での使用や保存中に，Mnが電解液に溶出する性質があり，この後で負極上に析出すると電解液を分解し，電池抵抗を大きくする傾向がある．放電比容量が小さい点と混入した水分により生成するHFから攻撃を回避するためNi系材料との混合体で用いられる．

● **LMP**（$LiMPO_4$, M = Fe, Mn, Co）

LFPのFe元素の部分がMnやCo金属である材料の総称．理論比容量（mAh/g）は大差ないが，金属元素がFe→Mn→Coに移るにつれ電圧が高くなる高エネルギ密度の正極材料候補．電子導電性に欠けるため，炭素材による被覆などの処理が検討されている．

● **LNMO**［$Li(Ni_{0.5}Mn_{1.5})O_4$, 5V（Mn）スピネル］

LMOのMnの一部をNiで置換したもの．放電比容量は大きく$130 \sim 150\,mAh/g$程度．放電電位が，LCOの$3.8\,V$やNCM，NCAの$3.6\,V$と比べて$4.7\,V$と高いため，EVなど組み電池で使用する用途では，電池数を少なくできる．つまり電源部が小型化できる利点がある．低温で高率充放電した場合，Li量が$0 \sim 0.5$の範囲が十分には動作しないと報告されている．高温では電解液が分解され，サイクル劣化が大きい．

● **LTO**［$Li_4Ti_5O_{12}$, $Li(Li_{1/3}Ti_{5/3})O_4$：チタン酸リチウム］

負極活物質として用いられる．放電電位は約$1.5\,V$と高い，白色の絶縁体材料．LMOと同じくスピネル構造（分子式参照）のため，耐熱性に優れる．充電でリチウ

ムイオン（Li$^+$）を収納しても，構造がほとんど膨張しないので，サイクル特性に極めて優れる．20 nm程度に超微粉化し，導電性を付与するために粒子表面に3〜5 nm厚みの炭素被覆をして使用する．作動電位が高いため，負極の集電体には安価なAlが使える．

● **NCA** ［Li(Ni$_{0.8}$Co$_{0.15}$Al$_{0.05}$)O$_2$：ニッケルコバルトアルミニウム酸リチウム］

合成が難しいニッケル酸リチウムのNi元素をコバルト（Co）とアルミニウム（Al）元素で置換することで，高比容量[※]を実現し，熱安定性を高めた正極材料．ノートPCや米国のBEVなどに用いられている．Alは材料の耐熱性に寄与している．Mgを同程度に微量添加すると材料強度が増加して，サイクル特性が向上すると報告されている．

● **NCM** ［Li(Ni$_a$Co$_b$Mn$_c$)O$_2$(a＋b＋c＝1)：ニッケルコバルトマンガン酸リチウム］

NMCや三元系とも呼ばれる．比容量は大きいが，合成が難しいニッケル酸リチウムのNi元素をコバルト（Co）とマンガン（Mn）元素で置換することで，高比容量と構造安定性を高めた正極材料．最も一般的なNCM333は300 ℃超までの熱安定性を有し，低温での大電流特性に優れる．NCM333(NCM111)Li(Ni$_{1/3}$Co$_{1/3}$Mn$_{1/3}$)O$_2$，NCM424 Li(Ni$_{0.4}$Co$_{0.2}$Mn$_{0.4}$)O$_2$，NCM523 Li(Ni$_{0.5}$Co$_{0.2}$Mn$_{0.3}$)O$_2$，NCM622 Li(Ni$_{0.6}$Co$_{0.2}$Mn$_{0.2}$)O$_2$，NCM811 Li(Ni$_{0.8}$Co$_{0.1}$Mn$_{0.1}$)O$_2$などがある．

高エネルギ化できる一方，充電後の熱安定性に欠ける傾向にある．安定化へ表面コートや異種元素での置換（ドーピング）が検討されている．NCM622とNCM811が開発中．一般的に低温・大電流に強い特長があり，Niは比容量の増加，Coは結晶構造を平滑にする，Mnは構造を安定化する役割を分担している．

● **NCM 2.0** ［xLi$_2$MnO$_3$ − (1 − x)LiMO$_2$，M ＝ Ni，Co，Mn，Fe］

金属元素の構成比から，213（複合体）や213-112（複合体），HE-NCMとも呼ばれ，Li$_2$MnO$_3$とLiMO$_2$との複合体からなる正極材料．主体となるLi$_2$MnO$_3$はLi(Li$_{1/3}$Mn$_{2/3}$)O$_2$と表すことができる単斜晶の層状構造の材料．LiMO$_2$も菱面体晶の層状構造であるため，構造ミスマッチが少なく複合体が形成される．Li$_2$MnO$_3$は4.4 V程度までは電気化学的に不活性であるが，4.5 Vを超えて充電すると，この材料からLiとO（酸素）が脱離して活性化する．4.8 Vまで充電し，2 Vまで放電を行うと250〜300 mAh/g程度の比容量が得られる高容量材料である．平均電圧は3.5 V程度であるが，初期充電に伴う不可逆容量が大きい，充放電サイクルに伴い放電電圧が低下する．高率放電特性が十分ではないとも言われるが，これまでにない高比容量の材料であるため，世界中で研究が行われている．

※1 g当たりの放電容量．LCO：140〜145 mAh/g，NCM333：160 mAh/gに対して，NCA：190 mAh/gと大きい．

索引

【数字】

18650 —— 34, 136, 141

26650 —— 99, 142

【A】

AB（アセチレンブラック）→ Appendix 1 参照
　　　　　　　　　　　　—— 121, 122, 126

Ah［容量単位］—— 23, 91, 96

Al（アルミ）弁体 —— 61, 63, 65, 79

【B】

BP（ビフェニル）—— 87, 88

Bruggeman 式 —— 114

【C】

C（シー）→ Appendix 1 参照 —— 28, 35, 39

Calendar life（カレンダ寿命）—— 23

CC-CV（定電流-定電圧）—— 25, 38

CEI（正極固体電解質界面層）→ Appendix 1 の
　「固体電解質界面層」参照 —— 19, 22, 49, 97

CHB（シクロヘキシルベンゼン）—— 87, 88, 90

CID（Current Interruption Device：電流遮断素子）
　　　　　　　　　　　　—— 60, 65, 77, 79

clad（貼り付け）—— 61

CMC（カルボキシメチルセルロース）—— 126

coining（切削）—— 60, 61

CV（定電圧）—— 40, 41

Cycle life（サイクル寿命）—— 23

【D】

DEC（ジエチルカーボネート，炭酸ジエチル）
　　　　　　　　　　　　—— 93, 140

DMC（ジメチルカーボネート，炭酸ジメチル）
　　　　　　　　　　　—— 93, 140, 168

DOD（Depth of Discharge：放電深度）
　　　　　　　　　　　　—— 34, 38, 42

【E】

EC（エチレンカーボネート）—— 93, 140, 168

EGBE（エチレングリコール ビスプロピオニトリ
　ル エーテル）—— 49, 51

EMC（エチルメチルカーボネート，炭酸エチルメ
　チル）—— 142, 143

ESS（Energy Storage System：エネルギ貯蔵シス
　テム）—— 24

【F】

FB（フルオロベンゼン）—— 49

Formation（化成）—— 125

FSA（ビスフルオロスルフォニルアミド）アニオン
　　　　　　　　　　　　—— 168

FTA（Fault Tree Analysis：故障の木解析）
　　　　　　　　　　　　—— 55, 56

【G】

Graphite（黒鉛）—— 17

【H】

Hard Carbon, HC（ハードカーボン）
　　　　　　　　　—— 28, 105, 108, 165

HF（フッ化水素）—— 22, 85

【I】

IR 損 —— 20, 97

It（アイティー）→ Appendix 1 の「C」参照
　　　　　　　　　　　　—— 18

【J】

JIS C 8712（日本産業規格）—— 83

JIS C 8714（日本産業規格）—— 76, 83

J-T（ヤーン・テラー）—— 22, 128, 129, 130, 131

【L】

LCO（LiCoO$_2$）→ Appendix 2参照
—— 32, 72, 112, 128

LFP（LiFePO$_4$）—— 119, 126

LiBOB —— 170, 171

LiCoPO$_4$ —— 18

LiFSA —— 168, 170, 175

LiNiPO$_4$ —— 18

LiNi$_{0.5}$Mn$_{1.5}$O$_4$（LNMO）—— 18, 44, 97, 170

LiTFSA —— 174, 183

Li2次電池 —— 15

Li$_2$B$_{12}$F$_{12}$ —— 88, 89

Li$_2$MnO$_3$ —— 177

LMO（LiMn$_2$O$_4$）→ Appendix 2参照
—— 26, 112, 118, 130

LNMO（LiNi$_{0.5}$Mn$_{1.5}$O$_4$）→ Appendix 2参照
—— 18, 44, 97, 170

LTO（Li$_4$Ti$_5$O$_{12}$）→ Appendix 2参照
—— 26, 101, 104, 134

【M】

MD（meltdown）—— 80, 81, 111

Mn イオン —— 27, 49, 51, 52

【N】

NBR（アクリロニトリルブタジエンゴム）
—— 122, 126

NCA → Appendix 2参照 —— 26, 64, 112, 119

NCM → Appendix 2参照
—— 32, 72, 110, 119, 128

NMP（N-メチルピロリドン）—— 126, 127

NMR（Nuclear Magnetic Resonace：核磁気共鳴）
—— 161

【O】

OCV（開回路電圧）—— 144

【P】

PDA（Personal Data Assist）—— 24

PE（ポリエチレン）—— 19, 77, 78, 112

PET（ポリエチレンテレフタレート）—— 63, 155

PP（ポリプロピレン）—— 77, 82, 112

PS（プロパンサルトン）—— 66

PT（Power Tool：電動工具）—— 99, 100

PTC素子 —— 61, 65, 78, 80

PVDF（Polyvinyliden difluoride：ポリフッ化ビニ
リデン）—— 121, 126, 153

【S】

SBR（スチレン-ブタジエン系ゴム）—— 126, 127

SD（Shut-down）—— 77, 80, 111

SEI（負極固体電解質界面層）
—— 21, 45, 85, 124, 172

SiO$_x$ —— 56, 112

SN（スクシノニトリル）—— 67, 87

SnO$_x$ —— 56

SOC（State of Charge：充電状態）
—— 39, 42, 104, 108

SOH（State of Health：健康状態）—— 28

STOBA —— 85, 86

【T】

TiS$_2$（二硫化チタン）—— 2, 10

【U】

UPS（Uninterruptible Power Supply：無停電電源
装置）—— 25, 27

【V】

VC（ビニレンカーボネート）—— 49, 66, 90

VGCF（Vapor-Grown Carbon Fiber：気相成長炭
素繊維）—— 126

【X】

xEV（HEV，PHEV，BEV）—— 133, 140, 188

X線CT —— 27, 57

【Y】

Yahn-Teller（ヤーン・テラー）
—— 22, 128, 129, 130, 131

【Z】

ZEV（Zero Emission Vehicle）—— 13

【あ・ア行】

煽（あお）り熱 —— 56

アセチレン・ブラック（AB）—— 121, 122, 126
圧壊 —— 76, 83, 84
圧密化 —— 114, 122, 124, 139
アニソール系化合物 —— 89
アルミ（Al）ケース —— 13, 76, 133
アルミナ（Al₂O₃）—— 82
安全機構 —— 61, 62, 79, 81
安全性 —— 55, 115, 135
イオン液体電池 —— 167
イオン伝導度 —— 91, 92, 114
易黒鉛化性炭素（ソフトカーボン）
—— 104, 105, 108
異物混入 —— 56, 57, 77
インピーダンス解析 —— 114, 150, 151
薄肉安全弁 —— 60, 61
エコ・モード —— 33
エネルギ密度 —— 9, 56, 108, 111
エチレンカーボネート（炭酸エチレン）
—— 93, 140, 168
温度ヒューズ —— 56, 78, 81

【か・カ行】
開回路電圧（OCV）—— 18, 20, 144
角形電池 —— 13, 60, 61, 94
拡散係数 —— 96, 115, 118, 119
拡散長 —— 114
ガス排気弁（防爆弁）—— 59, 60
ガス発生 —— 60, 63, 64, 66
過充電 —— 77, 79, 86, 88
化成 —— 43, 124, 125
過電圧 —— 96, 97, 98, 99
カチオンミキシング —— 128, 131, 132
過熱 —— 55, 56
過放電→Appendix 1参照 —— 29, 49, 53, 64
カレンダ寿命 —— 23, 27, 36, 37
カルボキシメチルセルロース（CMC）—— 126
間欠塗工（位相差塗工）—— 136, 137, 138
環境温度 —— 34, 36, 42, 69
還元分解 —— 18, 19, 27, 31
完全放電 —— 39, 40, 143
貴（電位）—— 18, 186
急速充電 —— 71, 101, 104, 106
筐体（ケース）—— 55, 62

曲路率 —— 97, 101, 114, 119
（金属）溶出 —— 19, 30, 42, 145
金属リチウム2次電池 —— 9, 10, 17, 161
釘刺し —— 95, 103, 118
グライム —— 183
グラフェン層（六角網面）—— 17, 18, 102, 104
クリープ（Creep）—— 157
ゲル化 —— 127, 128, 129
捲回 —— 64, 94, 133, 136
元素置換（ドープ）—— 19
高出力 —— 111, 112, 115, 118
高電圧充電 —— 49, 52, 87, 142
高濃度電解液電池 —— 171
高容量 —— 64, 83, 176
黒鉛（Graphite）—— 21, 31, 102
誤使用（濫用）—— 28, 29, 70, 167
固体電解質界面層 → SEI，CEI
コバルト酸リチウム（LCO）—— 26, 28, 34, 38
コンマ・コート —— 122, 123

【さ・サ行】
サイクル寿命 —— 23, 33, 38
酸化分解 —— 18, 19, 22
酸素イオン —— 176
残存容量 —— 28, 38
資源量 —— 164, 185
自己消火性 —— 89
持続時間（作動時間）—— 18, 20, 53
シャットダウン（SD）—— 78, 80, 81, 82
シャトル機構 —— 77, 80, 87
充電検出 —— 91, 104
充電終止電圧 —— 26, 29, 40, 45
充電レート（率）—— 24, 35, 41
充放電レート（率）—— 34, 35
主電源（サイクル・ユース）—— 23, 25
出力密度 —— 108, 117, 187
消費電力 —— 23, 24, 147
上部絶縁板 —— 63, 66, 78
信頼性 —— 17, 47, 49, 115
スクシノニトリル（SN）—— 49, 53, 67, 87
ステージ（stage）構造 —— 102
正負極容量比 —— 135, 136
積層（スタック）—— 62, 153

セラミック・コート —— 82, 84, 85, 111
全固体電池 —— 186
ソフト・カーボン（易黒鉛化性炭素）
　　　　　　　　　—— 104, 105, 108

【た・タ行】
待機電源（スタンバイ・ユース）—— 25
ダイ・コート —— 122, 123
体積膨張 —— 26, 40
大電流 —— 52, 78, 91, 96
耐熱機能 —— 56
多孔度 —— 96, 114, 119, 190
脱溶媒和 —— 18
タブレス（tabless）—— 98
炭素被覆 —— 119, 126
短絡（試験）—— 58, 68, 75, 78
チタン酸リチウム（LTO）—— 26, 106, 108
中空活物質 —— 95, 98, 112
電位 —— 44, 46
電位窓（window）—— 29, 174
電解液 —— 20, 21, 22
　添加剤 —— 46, 66, 86, 90
電池寿命 —— 20, 23, 36
電池電圧 —— 18, 30, 44
電池パック —— 99, 110, 146
電動工具 —— 14, 99, 142, 162
電動車両（xEV）—— 133, 140, 188
電流遮断弁（CID）—— 60, 65, 77, 79
導電性高分子 —— 9
導電パーコレーション —— 126
導電網 —— 22, 23, 38
トリクル（細流）充電 —— 25
トリップ（trip）—— 80

【な・ナ行】
内圧 —— 59, 62, 77, 160
内部短絡 —— 58, 70, 83, 145
内部抵抗 —— 58, 59, 98
ナトリウム（Na）イオン電池 —— 163
ナノボイド —— 103, 105, 165
難黒鉛化性炭素（ハードカーボン）
　　　　　　　　　—— 28, 105, 108, 165
難燃性 —— 87, 89, 173

ニッケル-カドミウム電池 —— 10
ニッケル-水素電池 —— 11, 15, 24
ニトリル系添加剤 —— 51, 53, 89
入出力 —— 106, 108, 109
熱暴走 —— 68, 69, 70

【は・ハ行】
ハードカーボン（難黒鉛化性炭素）
　　　　　　　　　—— 28, 105, 108, 165
バイポーラ電極 —— 186, 187
バインダ（結着剤）—— 126, 127
パウチ電池 —— 13, 62, 121
発火要件 —— 72, 74
発熱／発火 —— 55, 58, 77, 82
バリ（burr）—— 57, 70, 84, 125
破裂 —— 57, 59, 62, 77
卑（電位）—— 18
（電圧）ヒステリシス —— 166, 183
微多孔性フィルム —— 77, 82
微分解析法（dV/dQ, dQ/dV）—— 151, 152
フィック（Fick）式 —— 116
封口板 —— 60, 63, 77, 80
不活性相 —— 19, 22, 23
副反応（寄生反応）—— 18, 37, 42, 45
フロート充電（浮動充電）—— 25, 36, 37
分極 —— 29, 30, 44
閉回路電圧（CCV）—— 18, 20
平衡電位 —— 30, 44
ベーマイト（AlOOH）—— 82
放電深度（DOD）—— 34, 35, 38
放電レート（率）—— 34, 35
防爆（安全）弁 —— 59, 61, 63, 78
ホスファゼン —— 87, 89
ポリアセチレン —— 9
ポリフッ化ビニリデン（PVDF）—— 121, 126, 153
ポリマー電池 —— 18, 59, 152

【ま・マ行】
マイグレーション —— 123
捲きズレ —— 56, 57
マグネシウム（Mg）電池 —— 185
満充電 —— 18, 27, 108
無停電電源装置（UPS）—— 25, 27

目詰まり —— 19, 97
メルトダウン（MD）—— 81
モジュール —— 56

【や・ヤ行】
ヤーン・テラー（Yahn‑Teller，J‑T）
　　　　　　—— 22, 128, 129, 130, 131
輸率 —— 143
溶媒和 —— 18, 97, 173
溶媒和イオン液体型電池 —— 183
容量密度 —— 135, 165, 181

【ら・ラ行】
ラゴン（Ragone）・プロット —— 187
ラミネート電池（パウチ電池）—— 13, 62, 121
リコール —— 9, 55, 72, 112
リチウム（Li）析出 —— 21, 70, 71, 135
リチウムイオウ（S）電池 —— 181, 183
リチウム空気電池 —— 181, 182
律速 —— 91, 113, 116
レーザ溶接 —— 13, 61, 62
劣化 —— 18, 28, 34, 42, 167
劣化解析 —— 147
レドックス・シャトル（Redox Shuttle）—— 87
六角網面（グラフェン）—— 17, 18, 102, 104

おわりに

　1988年頃に金属リチウム2次電池の開発からシフトし，新人と共に調査から始めたリチウムイオン電池ですが，あっという間に30年が過ぎました.

　この間には激烈なサイズ開発競争にかかわり，次はポリマー電池の開発と，多くの技術開発に毎日深夜まで実験を繰り返したことが昨日のように思い出されます.実は，この電池の成功の鍵は活物質だけでなく，充電で不安定化する正極を半分だけ使う設計にした点にあります. これまでの電池にはない設計思想でした.

　激変の中で，2010年過ぎには，大画面のスマートフォンが急速に普及し，電池も大きく変貌しました. 便利なモバイル機器がコモデティ化すると，電池も追随してパウチ形へ移行し，多様な技術が試行されました.

　これを受けた形で2015年過ぎからの電池には，以前の電池にはなかった技術が多数採用されました. 車載用の電池も然りです. これらの変化を見ると，現在のリチウムイオン電池が，関係する多くの分野の技術者の努力の上に成り立っていることがよくわかります.

　技術の進歩には終わりがなく，優れた性能を有するこの電池も進化し続けるでしょう. 中でも，酸素イオンを働かせて高容量化するのに，限られた元素でどう材料設計するかに世界の研究者が日夜知恵を絞っています. どう設計するのか，興味が尽きません.

　ここまでの解説で，リチウムイオン電池の技術の一端を理解していただければ，価値があったと思います.

2020年2月　江田 信夫

〈著者略歴〉

江田 信夫（えだ のぶお）

1973 年　早稲田大学 理工学部 応用化学科卒業.

1973 年　松下電器（現パナソニック）入社.
　　　　リチウム電池, ポリマー電池, リチウムイオン電池の研究開発と商品化
　　　　に従事.

2010 年　技術研究組合 リチウムイオン電池材料技術評価研究センター（LIBTEC）
　　　　入社.

2016 年　LIBTEC 退社.

▶主な執筆履歴

（1）アナログウェア No.7 データ詳解！リチウムイオン電池博士の 101％活用セミ
　　　ナ, 2018 年, CQ 出版社.

（2）IoT 電池入門, トランジスタ技術, 2016 年 10 月号, CQ 出版社.

（3）リチウムイオン電池, 図解でなっとく！二次電池, 2011 年, 日刊工業新聞社.

（4）電池活用ハンドブック, 2005 年, CQ 出版社.

（5）電池応用ハンドブック, 1992 年, CQ 出版社.

など, リチウム電池を中心に寄稿や招待講演など多数.

データに学ぶ Li イオン電池の充放電技術

2020年4月15日 初版発行 ©江田 信夫 2020
2021年7月1日 第2版発行
著 者 江田 信夫
発行人 小澤 拓治
発行所 CQ出版株式会社
東京都文京区千石4-29-14（〒112-8619）
電話 編集 03-5395-2123
販売 03-5395-2141

編集担当 及川 健/堀越 純一
DTP 三晃印刷株式会社
印刷・製本 三晃印刷株式会社
乱丁・落丁本はご面倒でも小社宛お送りください．送料小社負担にてお取り替えいたします．
定価はカバーに表示してあります．
ISBN 978-4-7898-4630-1
Printed in Japan